The New Psychology of Winning: Top Qualities of a 21st Century Winner

成功心理学

数字时代探索全新的自我

[美] 丹尼斯·韦特利（Denis Waitley） 著

孙晓颖 译

中国科学技术出版社

·北 京·

The New Psychology of Winning: Top Qualities of a 21st Century Winner by Denis Waitley.
ISBN:978-1-7225-0361-1.

图书在版编目（CIP）数据

成功心理学：数字时代探索全新的自我 /（美）丹尼斯·韦特利著；孙晓颖译 .— 北京：中国科学技术出版社，2022.6

书名原文：The New Psychology of Winning: Top Qualities of a 21st Century Winner

ISBN 978-7-5046-9531-4

Ⅰ.①成··· Ⅱ.①丹··· ②孙··· Ⅲ.①成功心理
Ⅳ.① B848.4

中国版本图书馆 CIP 数据核字（2022）第 054105 号

策划编辑 赵 嵘
责任编辑 庞冰心
封面设计 仙境设计
版式设计 锋尚设计
责任校对 邓雪梅
责任印制 李晓霖

出　　版 中国科学技术出版社
发　　行 中国科学技术出版社有限公司发行部
地　　址 北京市海淀区中关村南大街 16 号
邮　　编 100081
发行电话 010-62173865
传　　真 010-62173081
网　　址 http://www.cspbooks.com.cn

开　　本 880mm × 1230mm 1/32
字　　数 125 千字
印　　张 6.5
版　　次 2022 年 6 月第 1 版
印　　次 2022 年 6 月第 1 次印刷
印　　刷 北京盛通印刷股份有限公司
书　　号 ISBN 978-7-5046-9531-4/B · 87
定　　价 59.00 元

出版者的话

1976年是值得纪念的一年。史蒂夫·乔布斯（Steve Jobs）和斯蒂夫·沃兹尼亚克（Steve Wozniak）创立了苹果公司；美国国家航空航天局（NASA）公开展示了第一架航天飞机；纳迪亚·科马内奇（Nadia Comaneci）在奥运会体操比赛中获得了世界体操史上第一个满分；协和式超音速客机投入使用，使得飞越大西洋的时间缩短到三个半小时。

同年，在当地的一家教堂，鲜为人知的作家丹尼斯·韦特利（Denis Waitley）在这里录制了一些磁带，这就是后来的《成功心理学》原型。这些磁带成为其有声书籍的基础，最终在1978年得以公开发行，并由此改写了自制有声书籍出版发行的历史。《成功心理学》磁带后来成为历史上最畅销的有声书籍之一，最终销量超过200万份，并创造了1亿美元的销售额。

那么，这些不可思议的理论是如何为当今个人发展和激励两个领域奠定基础的呢?《成功心理学》理论既具有实践性、易于使用并且包含改变人生的内容，又具有真实性和可信度。

《成功心理学》理论揭示了成功者应具备的十大品质。这一理论并不是一个盲目乐观的激励式的演讲，而是基于多年科学研究总结出来的清晰的、意义深远的方法。通过对奥林匹克运动员的研究，丹尼斯·韦特利确定了五种态度品质和五种行为品质，以此来区分成功者和普通人之间的差异。经过研究，他发现各行各业的人都可以运用这一理念过上更幸福、更成功、更充实的生活。这一磁带获得相当好的销量，而且丹尼斯·韦特利收到了来自世界各地数以千计的感谢信和电子邮件，足以证明它的确非同寻常。

正如全世界数百万人所了解到的，这个理论背后的创始人非同寻常。丹尼斯·韦特利从美国海军学院获得了理学学士学位后，美国医学研究人员乔纳斯·索尔克（Jonas Salk）为他提供了一份索尔克生物研究所筹款员的工作。在乔纳斯·索尔克的启发下，时任国际高等教育学会主席的丹尼斯·韦特利开始提供心理咨询服务，并为阿波罗号宇航员进行刺激与压力管理的培训。20世纪80年代，他担任美国奥林匹克委员会运动医学理事会主席，负责帮助美国运动员提高成绩。为了表彰他在美国高中青年领导力工作中的杰出贡献，美国国家青年领导力委员会（National Youth Leadership Council）特别授予他“青年火焰奖”（Youth Flame Award）。

丹尼斯·韦特利在他的职业生涯中为很多领域的成功者提供过咨询与帮助，从阿波罗号宇航员到美国橄榄球超级杯大赛的冠军，从成功的销售员到政府要员，以及诸多青年团体。他依靠自己独特的沟通天赋成功地完成了这些工作。至今，他已经完成16本非小说类书籍的创作，其中很多成为享誉国际的畅销书。他在世界各地发表了著名的演讲，成功入选国际演讲者名人堂。

你也许会问："这些都是不错的历史回顾。但是，当我面对21世纪的挑战和机遇时，这一切对我的生活会有怎样的影响呢？"

这正是本书的意义所在。丹尼斯·韦特利将关于成功的经典作品进行了全面更新，任何人都可以通过更具关联性、更有价值的方式去运用这些理论。

自丹尼斯·韦特利在20世纪70年代录制磁带以来，世界发生了很大的变化。今非昔比，我们已经完全从工业时代晚期跨越到数字时代，甚至超越了数字时代。

我们的市场和个人生活的数字化，尤其是智能手机的应用，是如何影响了丹尼斯·韦特利的原有认知？科学，尤其是神经科学领域的重大进展，支撑或者改变了丹尼斯·韦特利提出有关新习惯形成和心智发展领域方面的建议吗？当前市场趋势是如何影响职业发展和创业成功的？风俗习惯的改变又是如何影响我们去寻找生命的意义、提升个人幸福感以及培养良好的人际关系的？

请耐心读下去，你会发现丹尼斯·韦特利将以一种引人入胜的语言风格，回答所有上述问题。他提出了很多适用于21世纪的新观点以及自我掌控的即时应用技术。所有这些都体现了他本人真切而实用的个人风格，其中不乏诙谐幽默之笔。

目录

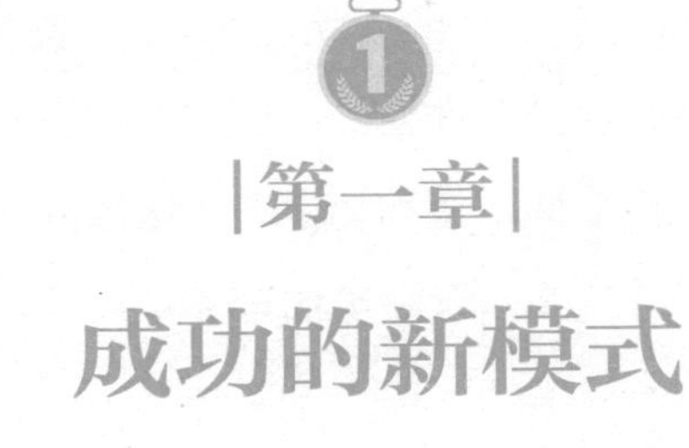

第一章

成功的新模式

过山车般的童年

先来说说我的成长经历，以及它是如何为我的工作搭建起舞台的。20世纪30年代初，我在美国加利福尼亚的圣地亚哥出生并长大。小时候，我以为每个人都住在一个只值1.1万美元的房子里，每个月的住房按揭贷款是33美元。那时候，我的午餐是妈妈给我准备的一个三明治：两片面包夹着一些蛋黄酱，一点猪油，盐和胡椒粉（这里的猪油实际上是用橘子皮榨出来的汁儿，看起来比较像黄油的调料）。我问："这是什么？"

"鸡肉三明治。"妈妈说。

"可是，怎么看不到鸡肉？"我好奇地问。

"这是没有鸡肉的鸡肉三明治，真正的鸡肉三明治要去商店买。"

当然，那时候没有电视，看电影要花10美分。一大家人只能住在一个很小的房子里。我总是饿着肚子去睡觉，因此睡前我必须念叨：我吃了很多猪肉、豆子、西红柿汤、花生酱三明治、利兹饼干，还有果冻配水果鸡尾酒。这些都是我的食物，但我并不知道这些食物到底有什么不同，因为根本就没吃过。

8岁那年，我们全家收听了富兰克林·罗斯福总统关于

“昨天，1941年12月7日，一个遗臭万年的日子”的演讲。不久之后，德国向美国宣战。在我上高中之前，美国一直处于战时状态。

战争年代，家里虽然穷，但我仍然学到了很多知识，因为每个星期我都会骑自行车去图书馆借一本新书。我的借书证是一张橘色的卡片，上面盖满了印章。这张卡片对我来说，比今天的万事达卡要珍贵许多。读书是我家每个人都喜欢做的事情。我们经常读书、听广播，这也是我在长大以后能成长为一名好听众的原因。在我的记忆中，绝大多数的信息来自我听到的和读到的，而不是我看到的。

我们家实在太穷了，我的父母经常为此吵架。在我9岁那年，父亲离家出走，再见到他的时候，第二次世界大战已经结束。尽管我一直以为我们会处于战争环境，可不久后我发现，我们不应该总是陷入这样的困境，我们应该一起工作。

无论如何，上面那些都是我儿时的记忆。事实上，我有一个美好的童年。那时候，我和小伙伴扮演牛仔和印第安人、警察和强盗做游戏，玩战争游戏，还到户外玩瓶盖、打弹珠。我们可以去城里任何想去的地方，玩到天黑才回家。那时候，家家户户都不需要锁门，我们也不知道什么是犯罪。

不管你信不信，我成长于20世纪四五十年代的圣地亚哥。那时候，那里没有严重的种族歧视。我的中学校长是非裔美国人，那所学校里只有三名非裔美国学生。其他人，包括老师，全都是白人。我们那里的中产阶级社区领袖也是一名非裔美国人。

我热爱我的童年时光，尽管那时候的生活状况就像坐过山车一样跌宕起伏。我的父母总是为钱和生活方式问题争论不休，他们吵架的时候我只能用枕头捂住头，哭着入睡。后来，他们离婚了。

在此，我不得不称赞曾经教过我的一些老师，特别是那位八年级的社会科学老师——塞利先生。塞利先生不抽烟也不喝酒，尽管年纪大了，他在我们初中学校的时候仍然可以灵活地翻出窗外，追那些捣蛋鬼。

我八年级毕业的时候，塞利先生送给我一本詹姆士·艾伦（James Allen）的书《做你想做的人》（*As a Man Thinketh*），这本书成为我心中的圣经。在我的生命中，除了那张借书证，我最宝贵的财富就是这本书了，我一遍又一遍地阅读它。这本书告诉我们，生活就是一座花园，而我们就是花园的园丁。

后来，在高中，我的创意写作老师克拉克先生对我说："丹尼斯·韦特利，你很有语言天赋。从你嘴里说出来的话，总是能用诗意的方式表达出来。"

我说："克拉克先生，我能拥有这种能力可能是因为我读了很多书。我喜欢读书，喜欢在脑海里天马行空地四处遨游。"

我12岁的时候，写了一首诗叫《自传》（*An Autobiography*）：

我的名字不重要，
它甚至不为人知。
我的脸是陌生的，
从未在世人面前显露。
事实上，我没有真正活着，
只有在人们的心中，
一年能被想起一次，
之后，再次被忘记。
我的心中没有悲伤，
我也不知道痛苦的意义，
因为我只是一个无名的士兵，
我的生命没有白白浪费。

15岁的时候，我把这首诗给克拉克先生看。他说："你应该好好培养写抒情诗的能力。你擅于押韵，适合做韵律诗歌的创作。"我认为，我之所以能够进行富有诗意的演讲和写作，得益于早期阅读。

在我的一生中，对我影响最大的应该是我的外祖母，梅布尔·兰德尔·奥斯特兰德（Mabel Randall O'Strander）。她是英格兰人，曾经是一名校对员。我比任何人都更爱她。在我父母吵架的时候，我总是迫不及待地骑着自行车跑到10英里（1英里≈1.61千米）外的外祖母家，在那里我们可以一起在胜利花园里种植蔬菜（“二战”期间，我们必须自己种植蔬菜，因为海外战场上的士兵需要大量的蔬菜支援）。在我9岁到11岁之间，在圣地亚哥的宾夕法尼亚大道上，外祖母的小木屋里，和外祖母一同在胜利花园种植蔬菜的美好经历化作伟大的种子，深深地植根在我的心里。

我不是作为一个成功者去写《成功心理学》，而是想写本书给当时正处于失败中的自己。至此，我不再谈论我为成功所做的一切，而是从听众席中走出来，告诉人们我和其他人一样。作为一个儿子，一个丈夫，一个父亲，现在作为一个祖父和曾祖父，我犯过很多错误。我活得足够久，犯过足够多的错误。如果从此我不再犯同样的错误，这些经历就会蜕变成智慧。

《成功心理学》是我在美国马里兰州安纳波利斯海军学院写出来的。我不喜欢待在安纳波利斯，因为我并不想当上将。我想成为一名像罗德·瑟林（Rod Serling）那样的作家，写一部伟大的剧本。我原本想去斯坦福大学或南加州大学，但是我高中四年级时去了安纳波利斯而不是去上大学。在安纳波利斯，我发现我的英语、西班牙语和餐后演讲都是第一名，但军事和工程学科方面的成绩完全是垫底。因此，我的组织管理与工程理学学士学位无法很好地满足我期望从事的工作，它甚至没有对我后来的高性能舰载核武器运载飞行员工作起到太大作用。

作为一名飞行员，我领悟到：如果你在训练中可以表现得很好，那么你在生活中也能做得很好。我深谙实践出真知。为了让飞机顺利返回航母，我进行了无数次模拟试飞训练，因为我是一位驾驶高性能工程设备的诗人飞行员。我所知道的是：转动钥匙，启动飞机，给油，起飞，然后尝试着陆，尽最大努力祈祷自己能够顺利返回航母。

在海军学院，我参加了音乐俱乐部的演出和餐后小型演讲会。人们经常问我："如果你喜欢演讲，为什么还要来这里？"

"和每个人一样，我也在为我的国家服务，不是吗？"

"是的，不过你看起来不像海军上将的材料。"

我说："我想，只要有战争，就有需要我的地方。"

后来，我离开了海军学院，只是为了养家糊口。我成了索尔克生物研究所的筹款员，协助脊髓灰质炎疫苗的发明者——乔纳斯·索尔克博士工作。乔纳斯·索尔克博士给我介绍了很多伟大的人——心理学家亚伯拉罕·马斯洛（Abraham Maslow）、人本主义心理学之父卡尔·罗杰斯（Carl Rogers）和心理治疗学家威廉·格拉瑟（William Glasser），他告诉我："丹尼斯·韦特利，你是一位非常不安分的年轻人。你有丰富的想象力，能用妙趣横生的方式讲一些复杂的故事。但你一定要记住，把事实讲清楚。确保你所说的事情有科学依据，不要让人们去做不可能的事情。"

如果你问我，从成功心理学的角度来讲，我认为哪些观点是很重要的，有一点我会告诉你的是：我和最好的人一样优秀，但是并不比其他人优秀。自尊不是赢得的，不是基于你所做的事情。你不必证明你的价值，因为它是与生俱来的。它就像一颗钻石，需要经过切割和打磨才能露出最珍贵的价值。

换言之，如果把自尊比作黏土，是我的黏土质量好吗？还是我必须以一种方式塑造它，让它更有价值？我是否有潜力超越现在的想象？我能否脱离我的邻居，我的生存环境？我能否脱掉我穿的这身制服？我能否成为自己想成为的人？我相信，自尊的本质就是相信自己的潜力。

自信源于你获得的小成就；自尊让你相信，你的内心深处有一些应该得到开发的东西。自信和自尊本身会促使你探索、学习、阅读，成为角色模范并为进一步探索创造动力，因为你相信自己会比现在更有价值。不管你从哪里来，你和其他人一样优秀——没有更优秀，而是一样优秀。

在安纳波利斯，作为一名飞行员，我学会了自律。这是一种弹性的自律，它能让你在经历挫折后迅速恢复活力，积极应对失败。失败是成功的土壤，尽管你不喜欢失败，但你必须经历失败。我相信每一次成功的背后都经历过一次又一次失败的洗礼。然后，我们从失败中吸取教训，改正错误，走向成功。正因如此，人们还会回过头来再次去冒险，因为即使事情变得很艰难，他们仍然具备自制力和弹性，让自己坚持下去，克服困难。

此外，引导我走上这条道路的还包括童年时期的另一个影响因素。那时候，我的父亲离家出走了，我的母亲很痛苦。她要独自抚养三个孩子，而且父亲走的时候是战争时期，他说走就走了。独自面对养家糊口的压力，我的母亲感到愤愤不平。因此，在14岁以后，我再也没有听到母亲一句鼓励的话语。当我要去打棒球的时候，她总是给我沉重的思想负担，她会说："啊，天哪！你真行啊！你的母亲像个奴隶一样给你做晚餐，你却能和朋友们一起尽情地玩乐。很好！不用担心我，我没事儿！我会给你做好晚餐的，你尽管出去玩，玩得开心点！"

我会说："妈妈，我必须去打球。同时，我也会打扫房间，修剪草坪。"之后，我产生了罪恶感，浑身上下都不舒服。

我的妈妈非常消极，我能理解其中的原因。最终，我和她一起解决了这些问题。在她97岁去世的时刻，我把她抱在我的怀里。

每当我骑车去外祖母家的时候，很多事情就会变得不一样。外祖母会说："哦，'潜力先生'来了！咱们一起出去撒种子，培育花园吧！干完活，你就能吃上一个美味的苹果派。"她还会说："你修的草坪真是太棒了！"或者"哦，我们一起看看怎么啦？"

在我觉得自己平庸无能的时候，外祖母总是给予我极大的鼓舞。那时候，因为我的母亲，我极度自卑。不管做什么，我都要证明自己。我以为一个人一定要具备什么特殊的能力才能自我感觉良好。但是，我的外祖母很轻松地让我感到自己具备特殊才能。因为我有潜力，我可以把草坪修剪得很好。外祖母帮助我走出困境，让我体验到很多比过去更好的感受。

经常有人问我，自我在20世纪70年代出版了最早的《成功心理学》有声书以来，成功的模式究竟发生了怎样的变化？我可以很肯定地说，今天的大学毕业生面对的世界相比过去是截然不同的。

未变的成功原则

总的来说，除了成功的概念，我认为成功的基本原则没有发生太大的变化。成功的概念在过去就是胜利地站在失败者的身旁或者追求第一名，如今这个概念终于得以改变。这一改变确实很艰难，因为人们看到的永远是那些成功者。这也是耐克广告文案典型的表达形式，诸如：你不是赢得了银牌，你只是失去了金牌。人们看待生活只有两个角度，胜利或者失败。

成功是永恒的，就其贯穿的所有可记录的时间范围而言可以这么理解。它一直关乎帮助别人或者关乎你所付出的价值大于回报。如同站在一个倒下的对手面前宣布获胜，或是找到头号对手，这些关于成功的概念终于改变了。古希腊的制胜理念激发了奥运精神，这种理念更大的意义是把大家凝聚起来，参加体育竞技运动。希腊语“gymnos”意为裸体，奥运会意味着赤裸裸地呈现你自己：你要用世界级的标准来审视自己，看看自己在与其他成功者共同竞技的运动项目中是否能表现出色。你用某种卓越的标准来和对手比赛，但你并不是真的要打败别人。

成功的原则从未改变。成功就是发挥你与生俱来的潜力，别辜负它们，在你实现自己梦想的同时去帮助别人。有句名言说，因为他心怎样思量，他为人就是怎样。所以，你会成为你大部分时间里所希望成为的那个样子，正所谓思想造就未来。

这些原则从一开始就存在，从未改变。真正发生戏剧性改变的是成功的“输送系统”。人们关注成功的持续时间在缩短，更多的是一种对即时性满足的渴望——现在就要，想要一口吃成个胖子。知识和信息的传播速度也有着惊人的差异，这种差异没有太多的哲学相关性，我们也不过多研究它的历史性。我们要在三十秒或更短的时间里，即时、预先、近距离且个性化地学会一切，变得越来越肤浅。

我听说过很多关于多元化培训的课程。你可能认为，到目前为止，我们已经知道多元化是关于你的经历——无论你来自哪里，都有不同的背景。然而它似乎仍然是你用眼睛看到的东西，别人的穿着，别人的样貌，别人给我们留下的印象。这是一种更加肤浅的反馈。所以，信不信由你，成功在今天比在20世纪70年代更加肤浅。

我相信我们是通过角色模范来学习的。我们观察角色模范，不管他们是好是坏，比如：体育明星、好莱坞明星和摇滚明星，也许还有那些从白手起家到拥有数字应用程序的企业高管们。

我们观察、模仿他们，我们复制他们所做的，不断地复制，这就是我们学习的主要方式。价值观是无法通过这种方式习得的，而是通过动态观察习得的。我们观察父母、老师、电视里角色模范或偶像们的一举一动，学习他们的行为举止。他们看起来很酷，我们觉得不错。我们渴望属于这个群体，希望被他人需要。因为这样我们会被认可，成为这个群体的一部分。

树立角色模范是非常强大的学习手段。运动员可能会说："我是个表演者，我不是角色模范。"事实上，他就是最出色的角色模范之一。人们崇拜他，希望成为他那样的人。人们希望衣着像他，长相像他，运动像他，收入也像他，还能像他一样有名气。

获取知识和成为角色模范不同。你可以通过阅读获取知识，去学校学习知识。你可以带着自我意识和内省，从生活中后退一步，然后诚实地对着镜子里的自己说："我擅长什么？我相信什么？对我来说，什么是最重要的？长大后我真正想做的是什么？"这些都和真实的自我意识和内省关系密切。在我看来，我们今天做得还远远不够。

但这就是为什么我总是引用这个难解之谜：当我们知道我们所知道的，为什么我们要做我们所做的？因为，我们没做我们知道的事情，而是学到什么就做什么。我们通过观察角色模范，观察别人做的事情来学习。这些学习途径成为我们的第二天性，就像开车和刷牙一样。我们反复做这些事情，于是就形成习惯。一旦我们掌握了这个习惯，我们甚至不会再去想它。

我们知道最好别抽烟，最好别愤怒。我们从观察那些愤怒和沮丧的人们那里学到了很多东西。我们通过观察别人的行为举止来学习，特别是在危险和感到压力的状态下，这就是我们学习的主要手段。

自20世纪70年代我第一次录制《成功心理学》以来，我对大脑的洞察发生了巨大变化。事实上，在过去10年里，我们可能学到了比过去50年更多的东西。早期理论主要基于麦克斯威尔·马尔茨（Maxwell Maltz）所写《心理控制术》（*Psycho-Cybernetics*）一书，该书于1960年首次出版。麦克斯威尔·马尔茨把大脑比作导弹或鱼雷装置中的导航计算机。假设你看到地平线上的目标，你的大脑就像一个带导航系统装置的鱼雷。发射的时候，鱼雷会在前进过程中自动修正，通过目标反射信号系统击中目标。如果没有这个特定编程系统装置，它就会左右晃动。在20世纪七八十年代，当《心理控制术》盛行的时候，大脑就是被这样描述的。

我把机器人的大脑比作电影《星球大战》里的R2-D2[①]。我有个小型机器人，我告诉它我在想什么，看到了什么。我把自己所有的希望和恐惧都告诉了这个小型机器人，它会倾听并记住所听到的一切。起初，小型机器人对我的指令言听计从，但经过多年的训练，它已经失控了，不再关心真假或者对错。

让我们再次回顾我在海军学院的那些日子。20世纪50年代，学院设置了飞机识别训练课程。作为一名飞行员，这门训练课非常重要，我必须在大约1/125秒的时间内判断一架飞机是敌是友。我们通过观看幻灯机上以1/100秒的速度闪烁的画面进行学习和训练。我们观看所有的飞机，包括大型客机。当飞机从远方飞过来并在我们眼前一闪而过的时候，根本无法识别。画面变化速度太快了，我们几乎看不到它们。但在结课时，我们都能做到百分之百识别。我意识到

① R2-D2是一个典型的机智、勇敢而又鲁莽的宇宙技工机器人，憨态可掬和忠于主人的表现使其成为《星球大战》中最容易被记住的机器人。——编者注

大脑储存了它接收到的所有信息，并像数据记录系统一样对这些信息进行检索。我们认为大脑就像电脑硬盘，能够存储所有信息，然后把不需要的东西抹掉，把新的东西放进去。

神经科学近期取得了惊人的突破，科学家发现大脑具有强大的可塑性。大脑不停地生长，它的神经元在发射时不断地变化。科学家发现人类可以在大脑中制造新的神经再生途径。如果把大脑看作一系列道路和街道，我们认为想法就是交通。我们过去认为大脑就像电脑硬盘，但是神经科学表明：事实上，我们可以通过插入新信息改变硬盘的性质。我们不只能记录新信息，还可以保留原有的任何内容。

神经科学已经证明我们可以战胜恐惧。我们可以预防中风、心脏病发作或者受伤引起的身体损伤。大脑远比我们想象的更伟大，而且具有很强的可塑性，这破除了我过去的许多迷思。比如，我曾经以为天赋是与生俱来的：手指灵活度、色彩感知度、记忆力和数字处理能力，所有这些都是天生的能力，是我们的祖父母、曾祖父母遗传的结果。人类一共有十九种与生俱来的天赋，我曾让五万人接受了自然天赋测试，通过测试可以发现自己擅长什么。

现在，根据神经科学领域的发现，你可以学会一些原本没有能力做到的事情。换句话说，即使你没有音乐天赋，你也可以学习弹钢琴。在这之前，我认为这是不可能做到的。我认为有些东西是天生的，人应该走阻力最小的路。

现在我认识到，大脑非常不可思议，一个人可以学习如何弹钢琴，可以学会任何可能原本不在你的才能和天赋范畴内的事情。这些可能性为人们在第二职业、新的爱好方面开辟了一个全新的世界。我们可以说，神经科学已经和心理学融为一体，并且证明了大脑比我们所认知的更伟大。换句话说，这不仅是我现在的样子，也不仅是我的个性。个性是与生俱来的，行为是后天习得的。

但是，我把大部分人称为"有血有肉的机器人"（moist robots）。听起来有些居高临下，我当然不觉得自己比别人优秀（正如我说过的：我和其他人一样优秀——没有更优秀，而是一样优秀）。当我谈论"有血有肉的机器人"的时候，正值我周游世界的时候——中东、非洲、拉丁美洲、东欧等。我看到公共汽车上、高速列车上、街道上、餐厅里，大家都盯着智能手机，好像只有智能手机能引领他们的生活。我们与机器人不同，我们有皮肤、血液、骨头，我们还有感情、情绪，我们是人类。然而，慢慢地，我们已经变得必须与数字世界紧密相连，甚至有了虚拟的朋友。

科技赋予我们难以置信的能力，让我们能与世界上任何人进行实时通信联络。世界上任何一个角落的图书馆我们都触手可及。我们可以随心所欲地学习任何想学的东西，还可以和那些可能永远不能见面的人保持联系。科技让家庭的连接更加紧密，足不出户就可以通过屏幕看到家人，这真是一件了不起的事情。

然而，科技也是亲密关系的敌人。亲密关系意味着近距离接触以及互动的人际关系。我们通过肢体语言、语音语调和面部表情来解读人们字里行间表达的各种信息。科技正努力帮助我们获取各种虚拟的嗅觉和味觉，但虚拟的感觉和真实的感觉完全不同。尽管这是人类历史上最伟大的时代，我们仍然需要明白，科技的确阻碍了人类之间的亲密接触。

我们变得越来越以技术为导向。虽然脸书（facebook）[①]不是面对面的，但是看起来很像；推特（twitter）不是触摸式的，但是看起来很像。然而，发文并不是接触，这和你坐在桌子对面，与你关心的人进行讨论是两码事儿；和四目相对，伸手能触摸到对方的手是两码事儿；和在你走开的时候拍拍对方的肩膀也是两码事儿。

我希望人们能从这个场景中退一步，深呼吸，从不同的角度看看镜子里的自己。我希望人们把注意力集中在自我意识上，了解自己而不是把注意力集中在如何看待别人上。老子说过："知人者智，自知者明。"我们应该深入探索自我，去发现自己能给别人带来什么，能从自己身上发现什么，而不是通过自拍让别人看到自己。

当然，当使用推特、短信和照片墙（Ins）时，我们希望

① 2021年10月28日，脸书更名为元宇宙（Meta）。——编者注

说出自己想说的话，但是必须小心谨慎，因为在这些社交软件里说的话在网络空间是会被永久保存的。不管我们在微博上写了什么，发过什么短信，还是说了什么话，都会被记录在社交软件的某个地方，未来生活中的某个时间再反馈给我们。

21世纪的成功心理学

我认为，21世纪的成功心理学将给人们提供一种方法，从而衡量自己与某种永恒的卓越标准之间的差距。毫无疑问，我们现在正处在一种即时满足和即时感官轰炸的环境。千禧一代和Z世代[①]的生活节奏越来越快，学习速度也越来越快，因为他们拥有全世界的图书馆。

但我不认为这是一个好机会，尽管它比以往任何时候都伟大。我只是希望新成功心理学能保留永恒的真理，保留神经科学和创新交付系统所提供的新优势，使人们能够以积极的方式训练大脑，而不是把这些权利交给广告商、名人和新闻媒体。

21世纪与我最初提出成功心理学的时期至少有一点是不

---

① Z世代指1995—2009年间出生的一代人。——编者注

同的：我们对未来的看法似乎充满了焦虑和消极情绪。在娱乐界，反乌托邦的未来观似乎比乐观派的未来观更流行。在20世纪50年代，我成长的那个年代里，人们对前景有点儿过于乐观；而现在，人们却陷入了另一个极端。

我认为造成这种趋势的一个主要原因是：实时卫星通信让我们无须像过去那样等一或两个星期甚至一个月才能获知其他国家正发生什么事情，我们每时每刻都能看到世界各个角落里最好的和最坏的情况。不管发生的是好事还是坏事，我们都会在第一时间获知信息。没有什么比灾难更适合晚间新闻了。电台新闻主持人保罗·哈维（Paul Harvey）曾说过，坏消息之所以有卖点，主要是因为烧毁别人家房子的大火温暖了大众的心，人们很高兴自己不是这场灾难的受害者。尽管各种灾难听起来毛骨悚然，但人类的本性是对灾难的诱惑无法抗拒，就像飞蛾扑火。人们会被沙尘中摔倒的主人公所吸引，会成为路边一场意外事故的看客，他们伸长脖子只为看看事故现场有多么糟糕。人们还喜欢观看戴托纳500汽车赛里汽车撞击的场面。任何令人震惊和极度恐怖的事件都会刺激人类的天性。

实时通信意味着世界上发生的各种事件随时都会出现在我们眼前，因为它们会出现在智能手机上。你可以轻而易举地看到世界上发生的各种事件，比如：龙卷风、飓风、山火肆虐，或者世界各地发生的事件，包括地球上95%的人处于极度贫困中的事实。我们不再与世隔绝。虽然我们看到的是一个又大又美得不可思议的世界，但我们更倾向于被负面消息所影响，这是人性的运作方式。好事不出门，坏事传千里。好消息就像是电梯里的音乐，只适用于公共服务场所。没人愿意听到有个家庭克服重重困难，经过艰苦奋斗而创造财富的故事。如果有人发财了，人们更希望他们是因为买彩票或者开发了一个应用程序，因为宠物摇滚（英国知名品牌）或者某件新东西而一夜暴富。要知道，很多人都希望一夜成名。

人们渴望听到坏消息，因为这会让他们觉得自己没那么糟。坏消息并没有让我们更加重视以服务为导向，反而让我们认为，也许美国没那么伟大。我们开始审视美国的所有缺点，很快，我们就发现美国的历史看起来也不怎么样。

如果想找自己的问题，你能发现很多。当我被批评时（有时候我也会受到批评），我会说："你不知道我的所有缺点，否则你不会只说那几个。"我脱下鞋子，给他们看我袜子上的破洞，我的脚指甲长进肉里，我的脸上长了很多雀斑，后背上有一颗痣，耳朵太大，头发都掉光了。如果历数自己的所有缺点，我能一直说下去。这就是你选择把关注点放在哪里的问题。我认为，21世纪的成功心理学将为你提供一种工具，从而用一种更强大的方式引导你的关注点。

大脑就像一部内置的全球定位系统（GPS）。我把大脑看作一个目标定位系统，就像GPS一样，只不过它比GPS更神奇。

一个普通的GPS系统即可显示如何到达你想去的地方的信息：“我要从这里出发，然后让我看看，我要去哪里，最好能给出一个具体地址。”

大脑和GPS一样。如果我说我想发财或者变得快乐，我的大脑不会知道如何让我达到目的，它只知道如何把我送到指定目的地。你在大脑中输入你的当前地址，然后输入你想去的地方。令人难以置信的是，大脑系统使我们能够通过来自目的地返回到目标的持续反馈，最终让我们到达目的地。这就是大脑的工作原理。

与你大脑中的目标定位系统可以做的事情相比，一个普通的GPS就像两根棍子相互摩擦可以制造一场火灾一样普通。你必须知道你的价值是什么，你的天赋是什么，你擅长什么，你年轻时喜欢在闲暇时间做什么，能让你在非工作时间比你在工作时间感觉更享受的是什么，它看起来像什么，感觉怎么样，味道怎么样，什么颜色，什么质地。请你诚实地把你目前的“具体位置”写清楚，然后，你就有了一个可见但暂时无法到达的目的地。它不在地图上，也不是你要飞去的地方。这是你可以逐步到达的地方，一次向前走一小步，就能实现这个小目标。

这就是我认为成功心理学能够带给你们的。我了解到，神经科学使我们能够把一条充斥着负面信息的“街道”变成一条自由畅通的“道路”；换句话说，就是向大脑输入一套新的指令，创造一条新的途径，到达你想去的地方。

如果你通过正确的重复、想象、实践、输入来运行整个过程，我想它会帮助你开拓一个全新的视野。你将利用成功心理学把自己变得更优秀、更充实，并且在生活中得到任何你想得到的东西。

第二章 再论成功心理学

成功者的十大品质

下面，让我们快速回顾一下我在最初那本《成功心理学》中提到的关于成功者应具备的十大品质。

成功者应具备的十大品质包括：

①积极的自我期望
②积极的自我激励
③积极的自我形象
④积极的自我引导
⑤积极的自我掌控
⑥积极的自律
⑦积极的自尊
⑧积极的自我维度
⑨积极的自我意识
⑩积极的自我投射

积极的自我期望

第一种品质是积极的自我期望。生活中，你也许没能得到你想要的东西，但是从长远看，你会得到你所期望得到的，期望等同于动力。你从来不会有动力去做一些不期望实现的事情，除非你相信自己能成功，否则你就不会去努力。

期望源自身心，因为我们的大脑如同一个药房。尽管大脑没有感觉，但是它控制所有的感觉，向身体和外界释放所有关于我们正在努力做的“化学信号”。积极的自我期望，即乐观主义，是“希望生物学”：乐观主义是任何期望成功的人必备的最重要的品质之一。

你会听到有人说：“我不是乐观的人，总是看到事物的阴暗面，我不可能变成阳光灿烂的人。”但我已经发现任何人都可以学会乐观。假设你是内向或者外向的人，这是你天生的性格特征。你可以学会乐观，学会积极；你也可以从角色模范和导师那里学会消极。比如，你的大学教授说，从商不是一件好事，你就会带着这种预期和信仰体系远离经商。

未来的可能性不是一成不变的。电影《告别昨日》（*Breaking Away*）中，主人公的父亲曾经对他说：“你是个石匠，我们都是石匠。如果你愿意，你可以上大学，但是你生来就和我们一样都是石匠。”然而，这个年轻人仍然想摆脱石匠的身份成为一名自行车赛手。尽管我们被最初的环境所束缚，但也能冲出牢笼。我希望本书能帮助你摆脱早期思维的禁锢。

简而言之，第一种品质就是积极的自我期望——乐观。记住，乐观会使神经系统分泌让细胞健康的神经化学物质，让你专注于想法。重申一点：你可能得不到你想要的，但你会得到你期望的，这个说法的确有医学原理支撑。

积极的自我激励

第二种品质是积极的自我激励。激励就是行动的动机，是主导思想。你有两个选择，要么沉湎于成功的奖励，要么沉湎于失败的惩罚。我们不仅被生存所激励，也被欲望和恐惧所激励。恐惧是一个非常真实的目标，但它是和我们想去的方向相反的目标，是你从后视镜看到的目标。恐惧使我们为即将发生的糟糕事而有所为，恐惧也能使我们为可能遭遇失败的事实所禁锢而有所不为。恐惧让我们在危险的环境中生存，推动我们朝着错误的方向继续前进。恐惧是强制力，欲望就是推动力；恐惧是抑制力，欲望就是点火助力。二者都是我们大脑中强大的驱动力。成功者专注于成功的奖励和预期的结果。

我不区分成功者和失败者。我认为，不管人们是基于成功的生活方式还是基于失败的生活方式，都不在划分范畴，他们只是走在一条一成不变的路上而已。动机意味着行动中的主导思想，欲望是激励人们去做任何事情的最佳方式。

鼓舞人心的话很快就会消散，人们不会永远把它们记在心里。你可以以退为进，赴汤蹈火；你也可以重新振作起来，但这些鼓舞人心的话不会持续发挥作用，除非它们被内化为思想的一部分。最好的动力来自内心。你的人生到达了这样一个阶段：动机变成一种个人想要达到自身目标的欲望，而不是获得经济上的奖励。你会发现，来自内部的动力比任何外部动力都有效。

积极的自我形象

第三种品质是积极的自我形象。这一品质在当今社会尤为重要。年幼的孩子们每天都会在平板电脑和智能手机上看到很多图像，甚至不用再去靠自身想象了。事实上，锻炼想象力对于今天的孩子来说已经变得非常困难，因为他们的头脑中不再有一个空白的屏幕，可以自由发挥。他们只有一个闪烁的，看起来万事俱备的屏幕。

想象力主宰世界。爱因斯坦是对的，知识局限于我们已知的领域，而想象力只局限于我们未知的领域。这就是为什么创造力是大自然赋予人类最伟大的礼物之一。有了虚拟现实，我们就有机会去自由创造一个世界。你的大脑无法区分虚拟图像和真实图像，不管它是情绪化的、反复出现的，还是生动的和可视化的，都足以给你感官刺激。如果你重复某个图像，它们就能变成你的新现实，这就是为什么创造性地发挥你的想象力十分重要。

积极的自我引导

第四种品质是积极的自我引导。简单地说，积极的自我引导就意味着如果你知道要去哪里，就能到达哪里；如果你不知道要去哪里，就只能走老路。闹钟响不响无关紧要，你走你的。

人们需要专注力，专注力是成功的先决条件。乔纳斯·索尔克把维克多·弗兰克尔（Viktor Frankl）《活出生命的意义》（*Man's Search for Meaning*）一书的作者介绍给我认识。维克多·弗兰克尔的这本书描写了纳粹大屠杀以及他在领导奥斯维辛和达豪的抵抗运动时发生的事件。我有幸在他的指导下学习了一段时间。他说，当一种形象在你面前形成了巨大的困扰，那么，这个形象就在主导着你的思维。维克多·弗兰克尔说，生命的意义对我们来说是无法估量的。我们通过目标赋予生命意义，并对生命负责。他对那些和他一起被关在奥斯维辛集中营的囚犯们说："盟军六个月后就来了，我们就要回家了。"他让大家记住俘虏者的名字和面孔，以便有一天让这些人受到公正的审判。

大多数经历过纳粹大屠杀的人都执着于有朝一日伸张正义、回家、见到亲人或者去他们向往的地方。如果你有决心，如果你有一个目标之外的目标，如果你目标明确，那么，相比那些目标不确定或者目标太笼统的人，你实现目标的可能性会更大。积极的自我引导的独特性正受到关注。时至今日，我仍然坚信这种独特性决定着成功。

在当今世界，我们似乎有无数的选择，有些人称之为

“选择的暴政”。你要做的就是在网上搜索，得到数百万条搜索结果，这些结果包含许多不同的方法、机会、产品等，以至于人们被这种选择的暴政所麻痹。这种无限的选择本身就将明确目标转变成另外一个选择项目。我们所处的世界，每个人都可以根据自己的愿望做任何事情，每个个体都拥有着和团体同样强大的沟通能力。因此，尽早搞清楚你的目标非常重要。生活中真正让你兴奋的是什么？如果不考虑时间、金钱或者环境，你今天会做什么？如果你不确定，有人可以告诉你方向，他会给你确认一个方向。但对你来说，他人无法给你一个和你内心的激情具有同样力量的目标。

你要确保采用这样的方式了解自己：你从哪里来，在面对什么事情，你最大的天赋和才能是什么。你也要确保自己能够意识到自身的局限性，意识到可能需要做的事情，或者意识到什么是你觉得索然无味的事情。比以往任何时候都更重要的是：我们要立足于对你来说真正重要的价值观和对未来乐观的信仰体系，而不是立足于悲观的信仰体系。我们有太多的选择，也很难摆脱周围的干扰，因为总有一群人在告诉我们该怎么做。

积极的自我掌控

第五种品质是积极的自我掌控。这不仅是好好约束自己，积极地自我掌控，还是指由自己做主。只要我衷心感谢

那些帮助过我的人，我就可以正确地审视自己，可以为自己的成就赢得很多荣誉。

掌控未来，掌控结果，这是人类最伟大的天赋之一。掌控未来是通过自身独立思考和感知实现的，而不是任由环境或你的出身决定。当我去世界各地的贫困地区旅行时，我看到人们处在教育和资源匮乏的水深火热中。现在，他们必须以某种方式，通过现有知识、劳动、创造力以及纯粹的毅力去寻找向上或摆脱贫困的能力。对结果有某种程度的掌控能力是人类最伟大的天赋之一，因为其他大多数种类的生物都是靠本能或程序化生存的，只有人类能掌控自己的命运。

积极的自律

第六种品质是积极的自律。我喜欢这种品质，因为我是那种按习惯行事的人。我相信习惯是一种反射性的行为，它指导着我们每天90%的工作。

纪律和大多数人想的不一样。当你说管好你的孩子们时，并不意味着要去惩罚他们。纪律discipline来自disciple（门徒）一词，“门徒”指的是求取知识学问的人。纪律是一种有益的行为，是培养行为习惯的模式，让你用无为而治之道去成就自我。你可以从好的角色模范和导师那里学到正确的东西，他们知道如何引导你赢得胜利或者走向成功；然后通过纪律、实践，有控制地重复这些行为，直到它们变得像刷牙和开车一样成为你的习惯。

纪律并不意味着惩罚。

我相信任何领域的冠军都会说，他是历经了很多复杂的工作，并付出了巨大的努力才获得成功的。是的，有时候这确实让人感觉受到了惩罚。但纪律意味着在你能够本能地做某件事之前，先学会如何内化。任何擅长某个领域的人，比如：小提琴手、舞者、教师、母亲、销售员，他们都是非常遵守纪律的人，因为他们从大师那里学会了正确的方法。也就是说，在你的行为外显之前，首先要做到内化。

积极的自尊

第七种品质是积极的自尊。价值的体现是先内化后外显，如果你没有内化价值，那么将没有什么值得与他人分享的东西。换言之，如果你认为自己没什么值得分享的，那么就会觉得自己一无是处。

近十三四年来，我一直认为杰出的表现才有价值，但最终意识到，杰出的表现对我来说并不重要，重要的是要对自己的潜力和自我价值充满信心。

自尊是任何成功人士必备的最重要的品质之一。我很高兴我是我自己，我可能不是某个群体里最漂亮的，我可能有点儿胖，还可能有一些缺点，但是我有很多优秀的品质，我还有很多好的方面。综合考虑，我比世界上任何人都更想成为现在的我。

这就是你感知自我价值的方式：你意识到自己可以给别人提供一些东西，通过分享这些有价值的东西，就能实现目标。换言之，如果你感受不到内心的爱，你怎么去爱别人？你需要他人，你可以为他人不顾一切，你可以向他人证明你自己，但你必须把内心的爱自由地给予他人，你才能做到用心去爱他人。给予他人爱，你的自我价值依然毫发无损。

积极的自我维度

第八种品质是积极的自我维度：超越自我寻找意义。让自己融入生活的大局，帮助他人，像对待人类一样对待动物，像对待兄弟姐妹一样对待他人。凭借宇宙不可思议的平衡力，让自己融入其中。我们要做一个能改善自然、闻到玫瑰的芬芳、发现大海的奇迹、欣赏日落美景的人。换言之，我们要做一个超越自身私念，融入他人和生活大局的人；做一个有协同合作精神的人，而不是做一个自私自利，只想着自己做第一名的人。

我认为维度为我们提供了一个不可思议的好机会，让我们可以在有限的生命时间里去做真正重要的事情。可能你想追求涅槃的最高境界，但是这其实是不存在的。最高境界只是人们根据记忆和重大事件的影响而想象的幻觉，可以说成是“大厦情结”。这里的“大厦”是指建筑物。很多人都想为自己取得的丰功伟绩建造一座纪念碑，希望这个纪念碑是因他们所做的事情而建造的，希望别人因他们取得的成就而铭记他们。归根结底，当你到了我这样的年纪，你去过的地方，做过的事情，周围的朋友、家人、你爱的人、爱你的人，其实能记住你的没几个。是的，你影响了其他人，但积极的自我维度是指你能真正做到：前人栽树，后人乘凉。我所做的就是为子孙后代搭建遮阴乘凉的场所。在地球上生存的每时每刻，我都希望自己能帮助每一个生命活得更好，无论是动物、植物，还是人——让生活有所变化。为了被他人关注，有特定的身份，这一理想已经在匆忙中消失了。

自我维度不是成为某个重要人物，或是在社会中留下什么印记，而是成为一个传递价值的人。在快进时代里，一天内的变化远超我们祖辈十年的变化，通过关注当下来摆脱拖延症，用行动塑造未来尤为重要。

我担心的是为即时满足而活着，闻不到玫瑰花香的那些人。他们自身和他们所做的事情根本没有什么紧密联系。他们在生命中争分夺秒地奔波忙碌着，想看看是否能积累更多的物质财富，他们相信这些物质财富可以带其到任何他们想去的地方。

我去国外旅行的时候，看到有些地方的人就是这样的。他们把业绩和自尊画为等号。如果他们获得了物质上的成功，那么就被认定是成功的。而我告诉他们，金钱买不到爱。你只能买到即时的浪漫，但买不到爱，买不到尊重，买不到感情。你买不到孩子们的爱，不过就是孩子们的提款机，一个取之不尽用之不竭的钱袋。你的钱从口袋里流向孩子们的口袋里，但你不能用任何形式的物质成就获取他人的爱、尊重和感情。

我们一生中大部分时间都在积累物质财富，希望别人看到我们有多么成功。但当年老的时候，我们就会意识到自己是如此渺小。当你到了我这个年纪，就会意识到自己的渺小。你还会明白，不管你作为管弦乐团第十五排的双簧管演奏者，还是杰出的独奏家或乐队指挥，在整个乐团的规划中，每个人都发挥着同样重要的作用。

我不是乐队指挥，我只是这个大千世界茫茫人海中的一员，我在前行的时候必须停下来，活在当下，而不是得过且过。这意味着，我们每个人都应该像一名奥林匹克运动员那样，在有限的时间里做出最出色的表现，但这样的表现不是为了获得荣誉，不是为了获得金牌，不是为了让别人对我们品头论足，而是为了此时此刻，我们可以热情洋溢地、全身心地投入我们正在做的和正在付出的事情中。

积极的自我意识

第九种品质是积极的自我意识。积极的自我意识就是实事求是地看待自己。我看着自己，对自己说：“我喜欢和这样的我结婚吗？我喜欢像我这样的父亲吗？我喜欢像我这样的好朋友吗？我喜欢像我这样的老板吗？我喜欢像我这样的雇员吗？如果我是某人，我喜欢这样的我吗？我该怎样让别人理解我？我是骗子吗？我在努力像别人那样生活吗？我在和自己以及别人开玩笑吗？或者，这真的是我吗？我真的在意自己能给予别人什么吗？我发现自己的局限性了吗？我在弥补我的缺点吗？我是否过于专注我和这个世界的问题？我是否花了太多的时间在我所得到的祝福、我的目标以及我取得的成就上？我看到的是他人的潜力而不是邪恶的嫉妒吗？”成为一个评论家不难，但成为一个值得别人效仿的楷模可不容易。

事实上，在最初的《成功心理学》里，我提出的第一步就是积极的自我意识。你要做的第一件事就是盘点一下你这一天有哪些收获。假如你已经下定决心做一个有自我意识的人，你就会变成高情商、深思熟虑的自觉者，成为服务型领导者。你第一次审视自己，真正地开始审视自己想要的一切——你的价值观、才能、兴趣、目标、所作所为，你要为崭新的自己找到一个开端。

本书给你带来了全新的视角。无论你是什么年龄，何种性别，从这一刻开始，你将有机会成为最好的自己，为社会做出更多的贡献。

自我意识是成为一名好领导的重要基础之一。这是一个关于情商或者服务型领导的问题。实际上，这种理念开始在商学院悄然兴起。通常，商学院以最终盈利为导向，公司以利益驱动为导向，这两种模式可以说都是非常不近人情的。当一位领导者为最终盈利而不是整体利益精打细算时，其所拥有的只是一些履行某些特定职能的员工。

记得我曾经与一位优秀的企业管理者对话，他说："如果一个人做不出业绩，我们就会把他解雇。我们会换一个新人。"我对他说："不过，还是想想你的成本，当你的总支出已经包含所有这些价值的时候，想想不断培训新人的成本。你要做的是充分发挥企业现有员工的优势，而不只是把这些员工当作履行某项职能的人，让他们不断地流动、更替。"

我认为，尊重他人是一种极其重要的品格。事实证明，如果你能让一个人在组织中实现其个人目标，向他们表明你对他们的个人目标真的很感兴趣，把他们当作真正的人而不是"有血有肉的机器人"来对待，那么，你将拥有世界上最成功的公司。这一论点已经得到了反复论证：经营良好、利润最高的公司都很尊重员工，会帮助员工成为他们想成为的人。这些企业拥有积极的企业文化，即每个人都能够凭借自己的特定角色为企业使命做出贡献。如果你把雇员当作合作伙伴而不是员工，那么员工就是领导者。你不必把想法强加在他们身上，你可以解放他们，让他们自由发挥。

这也是为什么我认为约翰·伍登（John Wooden）是一

位伟大的领袖。他是篮球界的传奇，他的球队获得美国全国大学生体育协会（National Collegiate Athletic Association，简称NCAA）冠军的次数远比其他教练带的球队多得多。他说过："我的工作就是发挥每个球员的优势，教他们如何进行团队合作，欣赏他们的一切表现。然后，我会坐下来，闭上嘴，让他们为实现自己的价值和所有合适的理由而比赛。"

你的领导地位越高，受到的胁迫越少，面临的威胁越少，获得的鼓舞越多，你就会越乐观。今天的服务型领导者要比过去那些咄咄逼人、以最终盈利为目标而又绝不妥协的领导者更温和、宽容。整天把"做第一或者除非员工士气大振，否则解雇"挂在嘴边的领导作风已经过时了。社会上，暴君领导者、自大的领导者仍然存在，但这一群体正在走向消亡。

积极的自我投射

第十种品质是积极的自我投射，它是指你把所有其他九种品质都加以实践，用你的行动很好地展现它们。这是关于你如何行动和表现的问题，即你如何在世界上展现自己。

比利·格雷厄姆（Billy Graham）是我最好的朋友之一。他让我在他的布道集会前做了题为《伟大的种子》的演讲，这给我提供了一个在三万名观众前演讲的机会。

我对他说："哇，参加集会的人填满了整个体育场，而我的演讲连一个会议室都坐不满。"

他说："这没什么，丹尼斯·韦特利，我也只是向他们传授我的意识，还有那么一点点自我投射。"接着，他补充道，"我相信你书里写的获得成功的方法都是真的。"

"我知道你相信，"我说，"我正在和自我怀疑做斗争，我还在奋斗的路上。"

说教对他人毫无帮助，人们会通过你的言行举止来评判。投射意味着你如何在这个世界中充分展现自己：如你所说的去做，如你所想的去做，如你所相信的去做。行动胜于雄辩。

适用原则

培养所有这些品质似乎是个非常艰巨的任务，因此，人们经常会问我如何在生活中遵循这些原则。显然，这些原则不可能在一夜之间做到。尽管我们给智能手机开发了"内部赢家"（Inner Winner）应用程序，并用它来帮助人们养成新习惯，但我们并没有开发出"成功"应用程序。没有一步登天的捷径，你只能沿着一级一级的台阶，一步一步地走上去。不积跬步，无以至千里。

不管怎样，我认为培养这些品质是从自我意识开始的。

不管你的起点是哪里，多大年纪，走在成功的哪个阶段，当下都是培养这些品质的最佳时间。停下来，做个深呼吸，然后给自己做个意识测试。看看自己是不是正要去想去的地方，做自己想做的，或者成为自己想成为的人。这样做不是为了向别人证明自己，而是确认什么才是自己真正想要的生活。

所以，我认为我们应该从自我意识开始，然后在提升自尊心上多花一点儿心思。自尊心被过分强调为能说会道、积极乐观、大造舆论、勇往直前、标新立异和能歌善舞。美貌、漂亮、英俊和健壮，所有这些外在的自尊观念都与真正的自尊无关。

一些其貌不扬的人已经成为世界上最成功的人。他们看起来普普通通，然而却在所从事的事业中取得了非凡的成绩。他们是怎样做到的？因为他们只相信他们自己能做的和已经实现的目标。他们没有给自己心理设限，而是向世界敞开心扉。

走向成功最好的开端就是阅读和学习与你自身情况类似的人物传记。选择去了解、学习那些年纪相仿、经历相似，并克服巨大障碍而最终获得成功的角色模范。你还可以通过听广播、看视频片段或者参加网络研讨会、收听播客、读人物传记、在智能手机上或其他移动设备上下载书籍资料等方式，向那些曾经和你拥有一样经历的或者做过同样工作的人学习。显然，世界上除了技术以外再没有其他革新能够如此快捷、生动地传递信息。

我相信你能够成功，你和任何一个曾经生活过的人一样优秀——没有更优秀，而是一样优秀。不要去比较，只需要严格地按照你卓越的价值观来看待自己。

成功真的没有人们想象的那么难，只需要一步一个脚印向前走。就像人们常说的“脚踏实地，切勿急功近利”。奥林匹克运动会上，跳高选手的栏杆每次只是升高一点点。每次升高的高度绝不会是2英寸（1英寸=2.54厘米），而是几分之一英寸。游泳选手的成绩也不是看谁能更快一秒，而是几毫秒。因此，输赢的差距往往很小。

不要把走向成功的过程当作沉重的负担，而是把它看作毕生从事的一项事业。把这几点记下来，每次付出一点点努力，至少努力90天。因为没人能在不到三个月、六个月或一年的时间里就能重塑大脑。习惯需要很长的时间才能养成，长期的习惯不可能在一夜之间改变。你也不可能穿越时光机器，或者驾驶一台新的人机系统去改变什么。你应该一步一个脚印地走，至少给自己三到六个月的时间。事实上，我觉得应该给自己一到两年的时间，这样你就有充足的时间让大脑制造新的神经再生途径。我相信经过一到两年积极的日常训练，这些习惯就会变得和刷牙、开车、骑自行车一样自然。它会变成一种肌肉记忆，一种条件反射。你会成为一个习惯性成功者而不是成功人士的围观者。

第三章

赢在21世纪

真正成功的本质

当今环境下，辨别网络世界的成功和真正的成功很重要。网络世界中，我们操控着数字、图像和文字；真正的成功着重于发展内在动力和价值。如今，很多人只注重创建数字化的自我，而忽略了真实可信的自我发展。

品格、信任和核心价值观是网络世界的成功与真正的成功的本质区别。

品格是指我们是谁，我们在做什么。但我们还有另外一个角色：投射的自我。自我投射是我们展现给他人的自己。每个人都有至少一个社交账号，有自己的网站，可以把自己刻画成难以置信的样子。事实上，每个人都可以说（事实也的确如此）：“我是最伟大的人、最优秀的演说家、畅销书作家。”只要卖掉十本书，你就可以自诩是畅销书作家。

在数字时代，夸赞自己是最伟大的人很容易，用虚拟形象征服受众也很容易。事实上，视觉形象对我们的影响非常大。我们不断地编辑自己的个人资料，以满足社交媒体受众的需求。我们已经把个人网络档案当作商业媒介，因此很难通过屏蔽干扰信息去辨别孰真孰假。如今有很多销售人员为了获利都在进行虚假宣传。他们教你如何在网上做生意，如何像他们一样通过互联网赚快钱。我们无法对他们所说的话进行一一检查，因为你完全可以在网站上发布任何虚拟商品，也不会有警察跑到网上通知你必须把商品下架，因为网站里发布的商品都不是真实存在的。我们生活在一个把虚拟自我视为真实自我的世界里，人们很难分辨真正的你是什么样的。

此处我想引用一句来自中国的名言——“江山易改，本性难移。”品格是无法伪造的，也无法像衣服一样随兴地穿上或脱下来丢在一旁。种瓜得瓜，种豆得豆，就像大树的年轮决定了树龄一样。你可以塑造一个人设，但就像《绿野仙踪》里描写的情景：小狗跑进去，把巫师的窗帘拉到一边，操控他创造的虚拟人。你可以塑造自己的人设，也可以给自己定位，但品格无法作假。

数字世界在许多方面似乎破坏了信任。我不得不相信，在一个真实、可验证的网络世界里，别人会按照他们承诺的去做，即使我们不在场，他们也会对我们保持忠诚，而不会夸大其词、凭空捏造，或者彻头彻尾的欺骗。

信任是我们用以维系所有关系时最重要的黏合剂。如果你打破了信任，就破坏了关系；如果你对他人不诚实，你就打破了信任，这种信任关系永远无法修复，因为别人会因此时刻保持警惕。信任是一切关系的基础，无论是婚姻关系、合作关系、雇佣关系或朋友关系中，信任是关系的基石。信任非常重要。换言之，如果你能做到言行一致、表里如一，人们就会信任你。

人们常说，真正的朋友是这样的：当你召唤他们的时候，无论何时何地，他都能毫不犹豫地前来。一个真正的朋友是你可以托付生命、为你保守秘密的人，这是真理。

今天，很多正在撰写的学术论文都从网上撤掉了，原因是：通过搜索引擎这个神奇的系统，学生很难确保自己的学术论文是否标注了正确的参考文献以及得到了官方的认证。教授们的日子也很不好过。他们必须用一种软件去检测学生的学术论文，确认信息是否被改写过，或者内容是否被直接提取和复制的。这种软件对付论文剽窃相当有效。

当人们问我在社交媒体的活跃度时，我会说："是我的孙子们负责帮我安装好系统与各类软件的，我是一个信息高速路上的濒死之人，他们不得不帮我搞定一切。"

人们问我："丹尼斯·韦特利，你使用什么销售漏斗[①]做生意？"

我会问："你是说像龙卷风把多萝西带到奥兹国吗？[②]"

"不，是漏斗营销，丹尼斯·韦特利。你是如何让人们获得赠品，并且通过提高他们的购买力，来获取更大的收益呢？"

起初，销售人员让消费者提供电子邮件，这一信息现在

① 销售漏斗是科学反映机会状态以及销售效率的销售管理模型。——编者注

② 这句话源于《绿野仙踪》，该故事以奥兹国为背景，讲述了美国堪萨斯州的小姑娘多萝西被龙卷风卷到了一个叫芒奇金的地方。——编者注

显然已经失去了价值；现在，你需要获得消费者的电话号码和收件地址，然后才能继续推销产品。

“演说家们”将知识和内容转化成一系列不同的销售漏斗，让人们越来越痴迷于通过互联网来赚钱。今天的“演说家们”有一大堆东西出售，通常价值几千美元。他们从免费供应入手；然后，他们习惯性地在墙上挂一个时钟，告诉人们还有十分钟的时间回到桌面，购买入门训练营课程或者下期课程，在这些课程里，你将学到快速致富的所有内容。

他们总是让我参加星期六的研讨会，这时，人们已经把所有钱都用来购买“演说家们”出售的东西了。等我开口讲话的时候，参会者已经花光了所有的钱。我唯一能给到他们的就是知识和有用的信息。

我没有什么可以营销的，因为厄尔·南丁格尔（Earl Nightingale）、诺曼·文森特·皮尔（Norman Vincent Peale）、保罗·哈维（Paul Harvey）等一些让我真正尊敬的人曾经告诉过我：如果你有独到的内容见解，要教给大家，不要卖给大家。传授你该传授的知识，把你知道的一切都无私地给予你的听众。如果他们喜欢你，他们就会去找你，还会自然而然地想从你那里获取更多的信息。所以，你根本不需要站出来向人们强行推销你有多么出色。

在数字世界，很难确定谁去过哪里，做过什么，以及谁在用某种巧妙的方式销售产品。数字世界里也有一些真正优秀的销售在做播客，做每日推送和每日消息。人们每天都能收到来自主播在图片分享平台或者脸书平台发布的各种视频信息。如果你继续购买“演说家们”主播出售的课程，那么他每天都会用各种方式告诉你如何致富。

这是一种在线辅导的方式，销售可以从那些正在寻找线上心理医生的人身上赚到钱，不过，这些线上心理医生往往都是承诺多、兑现少。毕竟，一位出色的心理医生只会努力把困惑的你带入光明世界，向你展示其他人已经解决了和你同样的问题，并且你将有充分的理由相信，自己也可以恢复理智和乐观。

乐观主义主导着世界，令我心生些许厌倦，但还不至于那么强烈。只有悲观主义躲在阴暗的角落里，乐观主义才有机会崭露头角。人人都想接触乐观的人，而不是态度消极的人。人们一直都被那些能够把他们带到应许之地的人所吸引。好消息是，他们正在销售的是隧道尽头的光明；坏消息是，他们自己都没坐过通往光明的列车。

现在的社会中信息不太透明，有些人正在努力给人们灌输错误的观念。他们正在努力告诉人们所希望听到的，传递一些好消息，教会人们如何在六十秒以内解决他们的问题。或者，想要告诉人们，他们现在所做的一切都是错误的，这些人会有更好的方案。

打个恰当的比喻：你上网，查资料，做出选择，点击，然后购买。然而，你做出选择，点击，然后购买，却不知道自己到底买了什么东西。就因为别人买了，所以你就也想购买。我会去看看用户评价，确认某种特定商品或服务是否得到了五星好评。如果用户评价是三星、两星或者一星，我绝对不会去买这个产品或服务。我始终相信客户是忠诚的，而且如果你想让你的客户忠诚，就必须提供真正好的东西。用户的口碑很快就能揭露一部糟糕的电影，一顿糟糕的饭菜，一个糟糕的产品或者一次糟糕的欺诈销售。口口相传的影响力非常惊人，人们只推荐自己信任的东西。所以，我绝对不会在那些用户评价很差的商家那里买东西。

通过前雇员对公司的评价来看一家公司的好坏也很有效。当然，有些员工会以反对者的姿态出现，因为他们感到自己曾经在原公司受到过不公正的待遇；但大部分员工对他们曾经工作过的公司及走过的历程有一定的话语权。

今天，如果想成为一个值得信赖的人，言行一致、信守承诺是非常重要的。你要做到少说多做，付出大于回报。人们往往都在寻求一笔划算的交易，他们希望省钱又省时间，方便快捷，选择又多。如果你能为人们提供比你收到的报酬更多的可感知的价值，那么你就会获得忠实客户，因为人们愿意讨价还价。他们会追随那些能给予他们更多承诺和愿意加倍努力的人。今天的一切努力都是为了建立关系而不是完成一笔交易。

现在，我们用辩证法分析真正的销售。一方面，有些人在互联网上努力用最少的付出换取尽可能多的销售额；另一方面，部分品牌方会在信任的基础上与人们建立关系，因为人们总是信赖品牌的。即便你说自己是最出色的，别人也不会相信，除非你提供一个可靠的证据。人们之所以去买微软、苹果、梅赛德斯和宾利的产品，是因为随着时间的推移，这些品牌提供的产品已经得到人们的信任。所以，这些品牌体现的不仅是一个名字，还包括它的价值。

我不会因为某样东西看起来不错而购买，只会因为其功能满足需求而付费。经过互联网的干扰和炒作，我想人们已经认识到挽留客户需要基于他们获得的价值。消费者已经厌倦了虚幻的销售模式。我想品牌方应该已经明白了这些道理，正在向着与消费者建立良好关系的方向迈进。有许多依据都可以证明为什么社会现在正处于这个转折点，以及为什么在所有网络数字噪声中，涌现出了越来越多真实的东西。为此，我感到欢欣鼓舞。即使在我这样的年纪，责怪年轻一代有着肤浅的价值观的同时，我也对未来充满信心。这也是我希望自己可以尽可能活得更长久的原因。

诚信是大多数人的核心价值观之一，核心价值观是成为21世纪真正赢家的关键因素。然而，这些价值观不是你动动手指就能拥有或者下载的，也不是简单的选择。价值观从人们出生起就开始慢慢形成。我们很难改变一个人的核心价值观，就像很难改变一个人的宗教信仰一样。核心价值观是一种根深蒂固的观念，无论你遇到什么阻碍，它都会让你朝着既定的方向前进，你甚至会为这些价值观献出生命。如果相信国家是值得你为之奋斗的，那么你就会做到为国捐躯。

诚信和类似的核心价值观通常是领悟出来的而不是接受教育后才具备的。当孩子们看到父母的行为举止时，就能察觉到这些东西。很多年前，《芝加哥太阳时报》（*Chicago Sun-Times*）有一篇精彩的文章叫《没关系，孩子，每个人都这么做》（*It's Ok, Kid, Everybody Does It*）。文章里写道：乔尼小时候发现他的父亲用100美元就能逃脱支付交通罚单；父母花100美元就能坐在更好的座位上观看演出；他在杂货店打工时，他把好看的、熟透的、质量好的草莓放在上面，把坏的放在下面。因为大家告诉他："没关系，孩子，每个人都这么做！"上高中时，教练会教他如何抓住对方球员的球衣而又不会被裁判发现。教练告诉他："没关系，孩子，每个人都这么做！"后来，他发现可以从过去的学期论文里复制一份变成自己的论文，他告诉自己："没关系，每个人都这么做！"他还从姑妈那里知道，如果你说眼镜丢了，只要在保险单上写一个简单的索赔申请，就能得到一副新眼镜。姑妈告诉他："没关系，孩子，每个人都这么做！"最后，他考上了大学，他因为运动天赋而不是学术能力获得了奖学金。后来，他让别人替考，因为他认为没关系，每个人都这么做！但这次，他被不光彩地送回了家。他的父母说："你怎么能这么做，我们是这样教你的吗？"

我们在成长的过程中不断地学习核心价值观，决定什么对自己最重要。我们发现生活中没什么捷径：大多数情况下都是通过尝试和犯错误而汲取经验教训。最好的方式是通过一些微小的错误，比如忘记写作业等，来警示和修正自己，而不是在悲剧发生之后才醒悟。我们发现善意的谎言在后来的人生中总在脑海里回响，当需要信任、诚信和品格的时候，我们才恍然大悟，原来这些价值观都是源于早期生活的累积。我自知，一生中从没有说过谎，哪怕只是一个小小的善意的谎言。即使在我生命中的关键时刻，也没有一个谎言会在我的衣柜里像骷髅一样噼啪作响，使我良心不安。

成为一个言行一致、真正意义上的人是生命中最重要的一部分。你的一切所言、所思、所为都应该表里如一。当然，你不能简单地用重新制定目标的方式去重新定义你的核心价值观。你可以通过内省的方式，发现自己的错误观念，然后改变自己的核心价值观。你可以从不再盲目听取父母、老师、同龄人和媒体传递的二手信息做起。你可以定制一套自己的价值体系，这些价值体系可以真正地让你感觉良好、心安理得，吃得好、睡得香。

痛苦通常是由机能失调的、令人烦恼的和病态的事件引发的。积极的压力使你在做某件事时感觉更好、睡觉更香、内心更舒服自在。你的身体是最好的反馈机能之一。当你做该做的事情时，你的感觉如何？你的身体反馈给你的是什么？你的良心反馈给你的是什么？你的价值观反馈给你的是什么？过去，当你做某些事情时，你是真的感觉良好，还是觉得自己像个骗子？

自我接纳、爱、对结果负责以及认识到因果的力量，这些等同于我们常说的吸引力法则。无论你给予他人什么，展示给他人什么，这些输出的东西都会以某种方式反馈给你。正如牛顿定律指出，每一个动作的作用力都会带来相同的反作用力。你的每一个选择、每一个决定，所做的每一件事都会带来一个必然的结果。

这些核心价值观是当某件事伤害了你，或者你失败了，不开心了，又或者让你感到痛苦或者面临金钱损失时吸取的教训。生活的智慧就是让我们领悟不要重蹈覆辙的道理。

这就是你培养核心价值观的源泉。当我做了某件事时，它会对其他人产生什么影响？他们会有怎样的感觉？他们会如何反馈？他们是什么反应？我做的一切对他们的生活产生了什么影响？

如果你不断地持续评估你的行动以及由此带来的结果，你就能够利用过去的经验修正未来的决定，就可以用好习惯替代缺点和不良习惯。

我认为，你应该花更多的时间审视自己的核心价值观，它们是非常重要的，因为你的生存和死亡永远和它们息息相关。你的认知体系很难改变，就像要求别人改变宗教信仰一样困难。不管你是否尝试过，你都会发现，核心价值观可以进行重塑，但不能像拿着菜单点菜那样可以随意改变。

核心价值观的“四条腿”

核心价值观就像是一张四条腿的桌子，“四条腿”就是核心价值观形成的四个基础。**第一个是归属感；第二个是个体身份认同感；第三个是价值感；第四个是控制感和胜任感。**我们的核心价值观基于这“四条腿”，我们的生活也离不开它们。

首先，顶尖的心理学家、精神科医生和行为科学家已经证实，附属内驱力或者说归属感是世界上最强大的驱动力。你在生命初期获得的是来自父母的爱和养育，这是最牢固的附属关系。缺乏归属感、人际关系不融洽或缺爱是人类生存中遇到的最艰难的事情之一，也是导致低自尊的最大因素之一。这也是人们喜欢拉帮结派的主要原因：他们在家庭中缺爱，可能没有父亲或母亲，或者可能父母不称职，所以希望自己有某种归属感。

我们都想成为一个成功团队中的一员。我们非常认同我们支持的球队，所以才会穿上这支队伍的球衣，戴上头盔，去参加比赛。

这就是桌子的“第一条腿”：感受自己被爱，或者被包含在内而不是被排除在外。“第二条腿”是个体身份认同感。尽管今天的我们过度沉迷于身份认同，但实际上它确实非常重要。我们认同一些特定的人物、地点和事件：一条毯子、一个泰迪熊、一间房子或者脖子上佩戴的饰品。我们觉得自己拥有的是独一无二的东西，不希望和任何人分享。我们甚至有自己的虚拟朋友，这也是我们身份认同的一部分。

近五十年来，我一直在和一些人共同致力于“第三条腿”的研究，即价值感。价值不同于绩效，它是内在的感受，难以言明。在高中，如果你不漂亮、不英俊、不爱运动、不会跳舞、不懂音乐、没有口才，甚至没有其他特别之处，那么很难相信你会拥有美国梦。你会感到失落，因为你觉得自己不配拥有美国梦。

有时候，美国梦在初中或高中的时候就已经破灭。孩子们开始对自己能成为什么样的人或者可以去向何方感到畏缩，觉得自己命中注定只能成为他们注定要成为的人。他们认为“我就是在痛苦中长大的，小的时候遭受过虐待”。然而你会发现，一些成长中有过最难堪或最恐怖经历的人往往能从一路贫瘠走向辉煌的巅峰。尽管他们遇到了挫折，但还是取得了巨大的成绩。

我认为一个人的价值应该建立在充满智慧又有教养的家庭基础之上，在这样的家庭里，每个人都相处融洽，父母和睦，邻里关系也很好。孩子们读了大学，一切看起来都挺好，人们觉得你既聪明又有魅力，然而这是不切实际的想法，很多事情不是你能决定的，且这些不切实际的想法和你的个人价值毫不相干。然而，说服人们放弃这种认知是很难做到的事情。

在某些国家，你向外界呈现的面孔就是你的一切。如果那张面孔被戳破，露出真相，就会出现难堪的一幕。

绩效反映价值，但不一定能够衡量价值，因为人们通常按照他们认为的价值来展现自己。除非你认为付出努力是值得的，否则你永远不会投资自己。如果你认为自己不配接受教育、学习，或得到自我提升的机会，那只是因为你看不到自己的潜力，从而很难学到更多东西。你必须寻找一位角色模范、教练或导师，通过他们发现你的优点而不是缺点，从而帮助你建立自信。

为此，我已经努力做过很多年的研究工作——把一些人和乐观主义者安排在一起，让他们和乐观主义者一起出去吃午餐。即使你和悲观主义者一起工作，或者你来自一个悲观主义的家庭，你也应该找一个乐观主义者做朋友，找到一个做你想做的事的人。

如果你刚刚被解雇，不要和其他刚失业的人混在一起。把时间用在提高自身技能上面。要经常与一些目标相似的人待在一起，而不要和一些与你有相似问题的人待在一起，除非那些人正在为解决问题而积极努力着。要让自己常和那些有相似目标的乐观主义者建立关系。把自己视为有能力解决问题的人。

做个批评家，发发牢骚很容易。事实上，我们所处的社会是世界上最爱抱怨的群体，因为我们总是能找到理由认为我们所做的每件事情都存在问题。如果你恰好相信世界是在进步的，那么你就会被看作是一个脱离现实的人。然而在现实中，这确实是历史上最美好的时光。人们拥有比以往更多的机会走出贫瘠，靠自己的努力成为最出色的人。

多年来，我完全忽略了“第四条腿”：控制感和胜任感。过去，我认为有了归属感、个体身份认同感和价值感就足够了。然而，近些年，这些想法遭遇挑战：我意识到，有些罪犯之所以在刑满出狱后能成为出色的领导者，是因为他们的能力和对结果的控制力发生了变化。

举个典型的例子。你在美国圣昆汀因持械抢劫罪被捕入狱，先后入狱三次，被关了二十年。你周围的环境非常糟糕：年轻时，你偷过车载收音机，你大半辈子都在吸毒，后来又开始吸食毒品。你的成长经历非常糟糕，你进了监狱。

突然有个机会让你写一篇文章：关于你想要什么，你的核心价值观是什么，你想做什么。你才发现，原来你不想进监狱，你想获得假释，而且你不希望回到原来生活过的街区。

你该怎么办？你去旧金山的德兰西街基金会吧。基金会里有一位名叫米米·希尔伯特（Mimi Silbert）的博士，她多年来一直带领着一群麻木不仁的罪犯，并在两年的时间里培养他们的控制感和胜任感。最后，她把那些十恶不赦的罪犯变成了一群出色的领导者。

她是怎么做到的？她让这群罪犯早上6：15起床，就像我在军队服役期间那样。然后，整理床铺，这也是在海军学院和西点军校的学生们每天要做的第一件事。每天早上你都要整理床铺。为什么？因为有人来检查。如果你知道有人会来检查，你就会整理好床铺。

在德兰西街，起床之后要整理床铺，洗澡，把自己收拾得干干净净，然后穿好衣服，下楼吃早餐。早餐时，需要做什么？要学习使用刀、叉、勺，要把餐巾铺在腿上，然后说：“请把盐和胡椒粉递给我。”每个人都必须使用鼓励性的词语。

囚犯们以前从未听说过这些，他们被关在监狱里，做在监狱里该做的事情。监狱允许他们到院子里透透气，然后活动一会儿，但他们在那里学到的还是如何继续犯罪。当你被关押在一个充满消极思想的监狱里，你就会习惯性丢弃正确的生活模式。然而，你可以打破惯例，获得控制感和胜任感。

对此，我感到震惊。我说："你是说你可以在两年内把一个残暴的罪犯变成一个好公民？"事实上，他们中的很多人都打消了这种改变自己的念头。他们受不了这种训练，宁愿重返监狱，重返舒适区，也不愿意走出去学习新东西。

因此，一旦囚犯们学会了正确的饮食习惯，正确着装，把自己收拾干净后，他们就不得不去上课。因为他们需要学会一种技能来帮助自己。也许他们在监狱工作过，也许没有；也许他们从事过制作车牌或洗衣店的工作，但他们很可能没有学到过一种能让他们在监狱外赚钱的技能。

在德兰西街，曾经的囚犯们要学习各种技能。他们学习如何赚钱和省钱；学习如何做每个人每天该做的事以及他们本应该在家里学会做的事。

我开始研究那些从服务员变身为首席执行官的人群，这些人出身于农场，然后成了亿万富翁。我发现最成功的人往往并没有良好的出身：他们必须经过一系列的尝试和错误，并开始相信自己可以控制小的结果。

假设你在一家快餐店工作，你很擅长你的工作。你拥有良好的客户体验。这些因素成为你通往成功的微小力量。由此证明，当你能够掌控一件小事并取得成功的时候，你的表现证明你是有潜力的。成就让你相信，随着你的进步，你能做到的事越来越多。

关于自尊最重要的一点是：你相信所学到的能力可以让

自己对结果有一定的掌控力。你拥有了胜任感。有人教过你，可能是你的老板、导师、主管或者教练，你已经学会了如何正确地做事。慢慢地，结果证明你是有胜任感的。这或许是“四条腿”中最重要的一条，这与我们去过哪里，赚多少钱，我们在生活中拥有什么样的地位无关。此外，你要获得更多的控制感，小规模地证明自己的能力，这样你就会逐步取得成功。失败开始消失，成功不断地被复制，随着时间的推移你会变得越来越成功。

基金会的名称取自纽约下东区德兰西街，也被称为“穿越德兰西”。在这个区域，一边是贫民区，一边是富人区，你可以穿越德兰西街，基于你的控制感从你现在生活的地方到你想去的地方。这也是为什么有时候那些在军队服役或经历过一些艰难困苦的人能够用一种更自律的循序渐进的方式获得成功，而不是一口吃个胖子。或许，这就是为什么人们应该采用一种阶梯式的方法来获得成功，一种奥林匹克式方法——让杆子一次升高一点点。

接着，我来举几个老年人的例子。摩西奶奶（Grandma Moses），20世纪最伟大的艺术家之一，直到75岁才开始学习绘画；雷·克洛克（Ray Kroc）在52岁创办了麦当劳，他当时在销售多功能奶昔搅拌器，认为汉堡卖得越多，他的搅拌器就会卖得越好；米开朗琪罗（Michelangelo）在70多岁时创作了很多伟大的艺术作品，他的杰作悬挂在许多宏伟的大教堂里；乔治·伯纳德·萧（George Bernard Shaw）在90多岁的时候学会了四门语言。由此可见，许许多多伟大的作品都是在人们生命后期创造出来的。

综上所述，“第四条腿”是控制感和胜任感，这是“四条腿”中最重要的一条。无论你身在何处，只要取得小小的成功，你就可以说：“总体来说，事情已经开始变得比之前要好，因为我正朝着正确的方向努力。我开始看到光明，看到一些成功的迹象。”任何时候都不要认为实现梦想为时已晚。

此外，自我效能感是个人对自己完成某方面工作能力的主观评估。我曾经提到过纳迪亚·科马内奇，她首次参加奥运会体操比赛就取得了完美的成绩。此后，玛丽·卢·雷顿（Mary Lou Retton）在1984年洛杉矶奥运会上再创佳绩。这些成绩正是源于她们反复的练习。没有未来，没有过去，只有此时此刻。只要反复练习，自然水到渠成。一旦你获得控制感和胜任感以及进行了足够多的重复练习，就会形成条件反射。你会发现，在奥运会上，选手们并不过分注重输赢，而更在意从之前的比赛中学到了什么。他们会将所学的一切在最重要的时刻呈现出来，这就是我们常说的“自我效能、渐入佳境和进入状态”。这不是刻板行为，刻板行为是说你在不断地重复做相同的错误的事，而自我效能是你在不断地重复做相同的正确的事。

在当下这个充满文化气息的时代，正直比过去任何时候都重要。正直不是一种情境。我们已经将正直视为一种情境因素。我们说："若情况需要时，我会诚实的"或者"如果被发现，我会坦白，会尽我所能弥补过失，但我不会承担后果"。这种态度在社会上已经成为普遍现象。如果你做了不光彩或不合法的事情，你大概率更像名人而不像因此陷入窘境的人。

对我来说，正直把一切紧密联结在了一起。世界正在寻找真实感。在罗马帝国最后的日子里，一切都变得粗制滥造：他们几乎掩盖了每一个缺陷。当你去买雕像的时候，那些雕像看起来真的很好，因为它不只是用大理石雕刻的，上面还涂了蜡。蜡在高温环境下很快就会融化。人们希望雕像是真材实料的，没有用蜡。"没有用蜡"是说雕像是由纯大理石制成的，用纯正的大理石雕刻是为了符合雕刻的标准，而不是为了遮盖缺陷或看起来很好。在生活中的每一段关系里，我们都在寻找活得"没有用蜡"的真实的某个人。你不想掩饰你是谁，结果却被发现你不是自己标榜的那个人。

今天，任何人都可以成为名人。我们需要值得信任的人：急救员、消防员、护士和医生，这些我们用生命信任的人。对我来说，正直是最重要的。正直不是可以随便穿脱的外套，正直也不是只适用于此时此刻。诚实和不诚实之间没有模棱两可的边缘，因为如果你只是部分诚实，那你就是不诚实。

有些怀疑论者从成本效益分析的角度看待正直。他们说，如果正直不能带给你立竿见影的效益，那它带来的好处怎么可能远超成本？事实上，诚实和坦率或许会带给你短暂的不适，甚至痛苦。

奥林匹克运动员的例子可以很好地回答这个问题。一名奥林匹克运动员之所以要训练1200多天，纯粹是为了不断提升自己的能力以便更快进入全球冠军争夺领域。以我的经验，任何一名奥林匹克运动员都需要不少于1200天的努力来磨炼技能。

换句话说，真实没有捷径。无论你如何努力寻找捷径，你都不可能快速成为小提琴家、芭蕾舞演员、雕塑家或艺术家，你必须一步一个脚印地走。

高尔夫运动也是如此。单词“GOLF”（高尔夫）是倒过来写的“FLOG”（击打）。如果你想成为一个好的高尔夫选手，你必须经过几天、几个星期，乃至几个月的训练，才能做到精准地击打那个白色的小球。周末休闲、游击式计划、两周研讨会，或者播客视频这些渠道是无法让你成为一名出色的高尔夫选手的。你也不可能通过观看虚拟视频来学习。你必须脚踏实地学习正确的挥杆姿势。没有什么虚拟的方法能让你达到顶尖水平。虽然通过观看别人打球可以学到很多东西，但你必须亲自挥杆练习，才能让你学到的技能真正成为你身上的本领。

对你来说，每一天都是比赛的日子。如果你想赢得金牌、银牌或铜牌，你必须学会如何一步一个脚印地去获得。学习如何赢得胜利一向如此，从未改变过，永远也不会变。你通过一次次尝试，获得经验，然后成功经验就会增强自我效能：你进入状态，成功就会瞬间转换成肌肉记忆和条件反射。

成功和失败实际上都是习惯性的结果。你可以成为一个意外频发的人，你也可以成为一个容易迟到或爱生气的人，但这不是你与生俱来的个性特征，而是随着时间推移学会的，而且很难改变。想改变，就要付出时间和努力。

这就是为什么我们至少要花半年到一年的时间，进行大脑训练和神经科学训练。也许你可以在半年内获得一个新的神经通路，但是，你无法在短时间内通过插入一个新设备来重新连接你的大脑。你必须经过训练。没有训练，就不会有改变，一分耕耘一分收获。否则，你无法获得新的提升。

你可能觉得在塑造自己的角色上已经做了大量的工作，但当你为人父母时，你会发现你仍然有很多工作要做。作为父母，我们想让孩子们有比我们自身更高的行为标准。每位父母都遇到过这种情况：当你驾驶在高速路上咒骂不遵守交通规则的人，或者做其他事情的时候，你的脾气是否正在受到这些行为标准的控制？

我是个军人父亲，从安纳波利斯毕业，当过海军飞行员，所以我说一不二。我会说："当我需要意见时，我会告诉你。"所有的事情只要我看一眼就能决定。我用不着打孩子的屁股或者对他们大喊大叫，我只需流露出不赞同的表情，他们就会感到不安，因为他们的行为令他们的角色模范感到失望。

你看，我开始了解到他们不听我说的话了。他们观察我所做的。我们聚会的时候，他们站在阳台上观察成年人的行为举止。当我结束聚会返回家中，他们看着我的眼睛，观察它们是不是充满血丝，我说话是不是含糊不清。“哇，爸爸在忙他的纳税申报单呢！我想知道他有没有发现什么漏洞?”“当有人打来电话时，爸爸就会说：‘告诉他，我不在！’我们应该这么做吗？我们可以走捷径吗？我们应该喜欢他吗？我们应该像他那么做吗？或者我们应该按他说的做吗?”父母说一套做一套，孩子就会感到迷茫、困惑。

我们对孩子们有很高的期望，但我们不希望他们经历我们曾经经历过的各种尝试、磨难和艰苦，我们希望孩子们能活得比我们轻松。这就是为什么我们给他们钱和物品，而不是给他们“翅膀”和“根”。我们给他们钱，这样他们就不用去辛苦劳作赚钱；我们给他们需要的东西，这样他们的满足感就不会延迟；我们给了他们很多，唯独没有培养他们的核心价值观：自决和早期责任之根，动力和自我导向之翼。当他们忘记做作业的时候，我们帮他们做；当他们忘记吃午餐的时候，我们就赶紧带他们去吃，而不是让他们自行承担这些行为带来的后果。

我犯的一个最大的错误是：我给了孩子们我之前不曾拥

有的一切，给了他们靠自己赚不到的一切，还给了他们原本不需要的一切。我做这些是因为我希望他们生活得更轻松。我帮孩子们买了第一辆车，但两年后车子就被收回了，因为他们没参与付款。我付了保险费。当然，到他们需要自己付费的时候，保险过期了。我没教过他们如何理财，我给他们零用钱的时候，如果他们很快就把钱花光，我也没提醒过留点儿以后用。我们也没有告诉过孩子钱有什么用，也没说过当你为某人服务时，应该如何挣钱。我只希望他们知道，我所做的一切都是因为他们是我的孩子。我以为他们在看我是怎么做的，但他们看的却是我对待他们的方式。

我在墨西哥领养了一个女儿，我很高兴她加入我们的家庭，并且发现她表现很好。我记得我对孩子们说过："你们这个领养的妹妹在学校里的表现比你们任何人都好，你们怎么看？"他们给了我一个完美的回答："这很简单，我们遗传了你的基因，而她没有，她是领养的。"

我不得不说，我对待我的孩子就像对待公司员工。如果可以重新来过，我会把他们当作我的客户，客户应该得到一切应有的尊重。更重要的是，我想我应该教会我的孩子们做什么，而不是说："你们该打扫房间了，太乱了。"我应该说，"如果把房间收拾好，你们更容易找到东西。"我会向他们提更多的要求，向他们示范我是如何做某件事的，而不是期望他们去做。

我需要努力学习如何成为一个更好的角色模范，一个更合格的教练，而不是总以鼓舞人心的演说家的身份说教。孩子们已经到了看着手表问我的地步：这是30分钟还是45分钟的励志演讲？他们会说："爸爸，我们还有一些重要的事情要做，比如家庭作业，还有家务活儿。只要您一结束演说，我们就可以回去继续做我们的事情了吧？"

更重要的是，我学会了在批评声中停下来，然后说："非常抱歉，我只是让我的情绪远离我，我对自己的表现表示失望。请原谅，我想告诉你们我很抱歉。"

晚上，我会走进孩子们的房间，对他们说："我一直关注着你们，我想告诉你们，你们是我有幸认识的非常与众不同的人。作为你们的父亲，我很自豪。我想让你们知道，成为你们的父亲，拥有你们这样的孩子是一件多么幸福、美好的事情。"

现在，我可以很好地控制自己的情绪。当我生气的时候，我不会表现出来，我会做个深呼吸，然后数到10，走到户外的人行道上，而不会使用尖酸的话语、刻薄的眼神，或者说任何一句有损孩子们自尊的话。我会走出去，做做运动，等自己平静下来再回去。我不再把我的愤怒发泄到他人身上，而是以正确的方式对待他人。

我认为，让孩子们真切地意识到我不是超人爸爸，他们也不是超人孩子是非常重要的。他们只不过和他们的父母一样，有各种缺点，各种问题，同样也会有各种机会。我处理事情的方式就是他们处理事情的方式，我不想在不必要的时候小题大做。

我有11个孙辈。我作为祖父的角色远比我作为父亲的角色更合格。我花了很多时间倾听他们的想法，向他们提问题，和他们一起度过许多宝贵的时光。我和他们一起放慢脚步，关注他们所有的优点，鼓励他们“追逐”自己热爱的事物，而不是他们的退休金。我和我的每一位孙子孙女都制定了一个有关个人爱好的专题研究。我问他们：“如果你有时间，如果条件允许，不以金钱为目标，你现在会做什么事情让你的生活变得更美好？不可能是你买的东西，一定是我们一起做的事情或者你全情投入的事情。”这是我作为一个角色模范以来，最难以置信的一段经历，因为我能够让他们被其所热爱的事物激励着而不是被我的期望驱使着。

正直三要素

在这一章结束之前，我来总结一下关于正直的详细解读，培养我所说的品质。

我想从正直的三个要素展开。生活中，完整的正直有三个关键要素：**第一，在压力下坚持真理。只要你是对的就不要退缩；第二，对他人不吝赞誉；第三，坦诚地面对真实的自己。**

我们从第一个要素开始：如果你知道你是对的，绝不退缩。让他人做一些你明明知道会伤害别人或者错误的事情不是正直的表现。

有一个例子很好地体现了这个要素，这是一个年轻的外科护士第一天上班时发生的真实故事。当时，一位个性跋扈但医术高明的外科医生正负责主持一间手术室的工作。完成那台手术后，他对那位护士说："好了，手术做完了，可以开始缝合。"

那位护士说："对不起，先生，我们现在不能缝合。手术开始的时候我们一共有12块海绵，但现在却只剩下11块了。"

"听着，我负责手术，我知道我在做什么。我让你缝合，你就按我说的去做。"医生说。

"对不起，先生。"她说，"但我的工作是对手术中所有使用的器具负责，我得确认第12块海绵的去向后才能让手术结束。"

听到这番话，外科医生笑了，他把脚从第12块海绵上挪走，然后说："不管你在这家医院工作还是去其他地方工作，你都会做得很出色，因为当我让你去做错事的时候，你没有因为我是上级而屈从。"

如果你确信你所做的事对所有人来说都是正确的，那么即使自己在别人的眼里看似愚蠢也无所谓。

第二个要素：给予别人应得的荣誉，不要吝啬你的赞誉。这一点在今天显得尤为重要，因为有了互联网，剽窃变得更加容易。事实上，如今的剽窃已经达到了登峰造极的地步。我无法告诉你们全世界有多少人在脸书上叫丹尼斯·韦特利，这并不代表我有多么受欢迎，他们只不过在用我的名字。

确认名人名言的出处是很重要的。我现在特别要说的是亨利·福特（Henry Ford）曾经说过的话："不管你认为你能还是不能，你都是对的。"或者，如果我引用孔子、基督、摩西或者比尔·盖茨的名言，我需要记住这些名言出自哪里，并给予他们应有的赞誉，尤其是某句话若是出自无名英雄，我绝不会吝啬赞誉之词。

永远铭记是谁带领你走上这个舞台，是谁给你提供的信息，把你的赞誉之词留给那些给予了你思想、诗歌、歌曲和理念的人们。铭记这些东西是从哪里获得的，这样你就不会成为一个剽窃者。很多人会说："我看到了，就是我的；我读过了，就是我的。"但只有你把功劳归于它真正的主人，才能体现你自己真正的正直。

第三个要素是真诚：诚实和坦诚地面对真实的自己。这意味着，你要保持谦逊的态度。不要看你自己的新闻稿件，因为我们总是全力以赴地去树立自己的完美形象。就像音乐录影带一样，我们会根据自己的需要进行编辑。如果你不能实事求是，你的信誉很快就会消失殆尽。

同时，接受缺陷和瑕疵，有缺点也没关系。正如我所说的，我最初写《成功心理学》的时候，正处在人生的最低谷阶段，那时候什么事情都不顺利：我要离婚了，尽管我获得了孩子的监护权，但他们不想回家；我写了一篇关于战俘的博士论文，但我不是战俘；我没有参加过“二战”，“二战”的时候我还是个孩子。与此同时，我成为欲望和希望的囚徒。

我从乔纳斯·索尔克、亚伯拉罕·马斯洛、卡尔·罗杰斯、威廉·格拉瑟或汉斯·塞利（Hens Selye）那里学到的仅仅是二手的东西。但我终于意识到，即便我输了，我也可以成为自己的赢家，或者至少是个参与者。如果我跟从自己的建议，我可以努力争取获胜的机会。

本书也是如此。我犯过和你们一样的错误，因为我比大多数人活的时间都长。我有更多失败的机会。现在，我是一个从观众席中站起来发言的人，而不是一个表演木偶戏的大师。

第四章

内心的赢家

《高效能人士的七个习惯》(*The 7 Habits of Highly Effective People*)一书的作者史蒂芬·柯维常说：你必须首先实现个人领域的成功。在实现公众领域的成功之前，你已经掌控了自我。个人领域的成功才是最重要的。我一直强调，成功是一项内在的工作，我提供给大家的这些原则和技巧都是在头脑中完成的。

不过，往往眼见为实。有些人只相信亲眼所见，他们只有在看到真实的结果后，才相信确实实现了目标。他们需要具体的证据，而有些人就不需要。信仰可能就有这种特点：你接受你信任的人传递给你的信仰体系。

人类常常自我设限，事实上，心理极限远远超越身体极限。所以，人类有两个极限：一个是身体的，一个是心理的。

身体极限是非常真实的。你在选拔奥运体操选手的时候，必须关注他的身体结构，他们的身体结构必须符合一种特定的标准：不能有什么不同之处。一个体重160磅（1磅≈0.45千克）的女人是不可能成为体操运动员的。此外，你还必须处在特定的年龄范围内，具备特定的骨骼构造，特定的肌肉构造，能完成某种特定的动作，并且必须有一定的经验。

告诉人们他们可以做任何事情，可以成为他们想成为的人是不切实际的，因为人人都有局限性。我不能参加奥运会，我做不到4分钟内跑完一英里，我也不可能成为美国总统。你知道这是为什么吗？第一，我还没有准备好；第二，这些不是我的主要目标；第三，即便我很想做美国总统，以我现在的年纪，也是不可能的。

然而，你的身体极限在生活中的影响力远没你想象的那么大。很多人认为，他们在身体上受到一些限制，而无法做一些事情的原因完全是因为他们年纪有点大了，或者受性别局限；他们认为自己不够漂亮，不够强壮，不够优秀，没接受足够的教育，或者没有合适的背景。他们有各种各样的借口。然而，你面临的最大的局限是自己给自己设限，这些限制是我们通过有缺陷的信仰体系强加给自身的，而我们对自身的了解也并非真实的。

因为那些心理局限，你可能不会去测设你的身体极限。这也是为什么你与自己的沟通是在安静的状态下，在你的内省和自我意识中进行的。如果你能活到200岁，就会明白你的潜力远比你可以运用的多得多。你可以学会20种语言，你可以在短时间内学完一整本《不列颠百科全书》。大脑是有史以来最神奇的生物计算机，它甚至还没有开始测试自己的潜力。

想象一下接下来还会发生什么。我们有区块链革命、5G、与计算机交互的智能手机和可穿戴电子设备。当我想到这些的时候，我真不敢相信人类居然有如此巨大的潜力。

虽然我那位在英国的表兄杰克今年已经108岁了，但他的视力很好，他还能走路，也能说话。他上过《英国达人》

（*Britain's Got Talent*）选秀节目。节目主持人说："杰克，既然你来参加《英国达人》，你有什么才能？"

"我的才能？我的才能就是长寿，这就是我的才能。"

他为什么活得如此有意义？因为他正在从事帮助他人的项目，所以他可以看到未来会发生什么。每多活一年，他就能为社会的弱势群体筹集5000美元。他说："每次我过生日，我都会再次筹集5000美元。这样不好吗？"和我的表兄杰克一样，我也希望自己活得尽可能长久，看看我的眼前会发生什么奇迹。

我们的脑海里容纳了我们无法触手可及的前景和潜力。很显然，我们确实有一些身体上的局限，但从心理上讲，一种积极向上的态度可以让我们远远超越我们认知中的身体极限。

4分钟内跑完一英里。过去，人们认为这是不可能达到的。在20世纪50年代，为了让其他人相信他们可以跑这么快，罗杰·班尼斯特（Roger Bannister）必须打破这项纪录。我们现在有能力在4分钟内跑完一英里，但这需要有一个人打破这个极限。这不是一个身体极限，而是一个心理极限。

突破音障是另一种心理局限。我们知道在飞行速度超过音速的十分之九时，因为气动阻力剧增，飞机会剧烈抖动，甚至有可能坠毁，直到查克·叶格成为人类第一个突破音障的人。声音的障碍，4分钟一英里的障碍，成为女总统的障碍，所有这些障碍都是早已被人类突破的心理障碍，是只要我们努力就可以突破的障碍。当我看到5G、区块链技术、网络安全和计算机计算速度的时候，当我只需几秒钟就能完成过去要一个小时才能下载完毕的文件时，我无法想象我们还有多少潜力有待挖掘。这就是解放思想的重要性。除了真实的身体局限之外，我们的局限性根本不像你想的那么多。

还有一个关于神经科学的突破：我这个年纪的人仍然可以提高记忆力，而不是记忆力在不断衰退。有人说，我们的大脑容量从21岁开始就会逐渐变小。事实上，通过学习、重复练习和依靠神经科学，通过重新构建自己的大脑，即便在我这个年纪也完全可以提高记忆力。我完全可以学会以前从未做过的事情。事实上，正因为我的年纪，我才能比年轻的时候具备更强的认知能力。

这一进程只会加速。正如通信速度在一定范围内有所提高一样，学习的速度也提高了。我们拥有了不可思议的能力，可以存储一切。记得我说过，1/100秒的时间里，我能够将所有那些飞机的图像存储在大脑后部的视觉皮质中。我不记得看到了它们，但是我的眼睛确实捕捉到了。我的眼睛就是我的智能手机和照相机，它们拍摄图像，然后把这些图像永久地存储在我的大脑视觉皮质中。如果我能找到方法把它们取出来，我过去观察到的一切都会储存在那里，可供检索，不会浪费。

面对过去的问题，我们似乎很难摆脱。一个人如何摆脱将自己现在的表现与过去的表现联系在一起的牢笼呢？

对此似乎有一个合理的解释：我们做的每一个决定都是基于以前发生的事情。这意味着我们不会把正在发生的事情建立在我们眼前信息的基础之上，而是把它建立在上一次发生事情的基础之上。很多人会说他们有预感，但预感通常基于最糟糕的状态。为了确认今天应该怎么做，我们总是参考已经发生的。世界上没有一个决定是基于正在发生的事情做出的，而是基于一直发生的和以前发生的事情。这个决定有好的一面，也有坏的一面。好的一面是，如果你把失败看作一种学习的经历，如果你从错误中汲取了教训，如果你学会了面对生活中失败和消极的一面，并因为经历过的事件而激发出勇气和从容，那么你就拥有了智慧。智慧意味着你不再重复以前的行为。

我的决定基于我所学到的知识或者以前经历过的事情，但我现在的投入难道不是决定未来表现的因素吗？我希望如此，我希望我能去参加研讨会，我希望我能看播客，我希望我能到某地待上一个星期，我希望我现在的投入胜过以往数十万个小时的表现。

成功是一座冰山。可见的那部分是我目前的投入，更多的投入是水平面以下的部分，也就是过去的表现，这就是为什么我说改变一个习惯需要一年。在《心理控制术》一书中，麦克斯威尔·马尔茨说，改变一个习惯需要21天。但麦克斯威尔·马尔茨是个外科整形医生。当你做完整形手术，你需要21天后才能消肿，因此，消肿之前你依然会觉得自己很难看。

让我们现实一点。我正在处理“冰山”问题。我不可能在短时间内或者几个月的时间里就超越以前的我，但我可以运用自我意识和成功心理学来训练大脑，改变自己对过往事情的看法。

我可以审视过去的表现，回顾我的错误、失败和成功。我可以在日常生活中做一些改变，建立一些新习惯，以改掉坏习惯。我完全可以改写大脑程序，让自己走进高速路，而不是走进死胡同或迷失在某个建筑群中。现在和过去相比，我们更容易构建新的神经通路，重新连接大脑。我们认识到，通过重复训练和特定的治疗方法，例如：放松训练，冥想，与某种颜色、气味或者感官接触，可以重塑大脑。因为人们拥有创建虚拟环境的能力，所以在这个难以置信的数字时代，学习、内化和习惯的形成变得比过去容易得多。如今，我们认识到，某种共振或某种音乐会导致大脑按照不同的方式运转。感谢神经科学，是它让我们发现获取新信息来改变习惯模式的最佳途径。迄今为止，当我将这些新信息运用到生活中时，我可以做很多事情去战胜抑郁、消极思想以及成长过程中的不足之处。

正如我所提到过的，我的母亲一生都很消极，直到她去世的那天。那天，她对我说："我想我不是一个好母亲。"

我说："您是一个好母亲。您给了我生命，您给了我们希望，您养育了我们，您是伟大的母亲。只不过我们当时没有意识到您正在经历什么。妈妈，我爱您。"

"我一直想知道你过生日那天，为什么要送我一朵玫瑰花。"妈妈问我。

"因为，我很感激您给了我生命，所以这就是为什么生日那天我送了您一朵玫瑰花，而不是希望您送礼物给我。"我答道。

或许，我认识的励志演说家中，没有一位拥有良好的背景。我们这些在所谓的激励行业中的人们宣称，我们都是从无到有的。事实是，每个人都要历经磨难，才能成为现在的自己。没有任何人有权利说自己比别人更成功。让我们换一种方式看待曾经发生在自己身上的事情，把它当作一种学习经验——当作"养料"而不是失败。也可以说，把它当作基础去培育一个新人。这就是我看待过去的方式。我从中学到了什么？我如何才能因此变得更好？我如何让自己现在和未来的投入对我想成为什么样的人产生更大的影响？

自我形象

我用了近60年的时间管理自我形象。每个人都有多种自我形象，我会采用某种方式去评判自己。我认为自己有能力做某些事情，而没有能力做另外一些事情。虽然我们有很多自我印象，但我们也有一定程度的自尊，也就是普遍价值感。

自我形象很像一个粗糙的温度计，你把它放到室外，它显示的就是室外的温度。我相信，大多数人的生活会受到外界的影响。他们要依靠外界发生的事情来判断自己关于自身的感受、了解自己的成功程度、确认自己的收入水平和其他的一切。大多数人都会根据社会的外部环境，比如：名人、媒体或好莱坞，来判断自己的状态。或许，我们的父母提前给我们设定了模式："你将一事无成。"或者"我像你这么大的时候，正在做××事情。"

一方面，我很早就给自己"设定了温度"。我爸爸的月收入从未超过200美元，我们的房子价值11000美元，房贷每个月是33美元。爸爸告诉妈妈，我们永远也不可能住到山上的那些房子里，只有富人才能住进那里。因此，我让自己相信我的月收入不会超过1000美元。尽管1000美元的收入在20世纪50年代已价值不菲，然而我对自己的自我设限，把自己放进那么大点儿的花盆里"培育"感到可笑。

另一方面，恒温器控制温度。恒温器连着加热器和空调。当你把温度调高，加热器就开始运转，温度就会上升到你设定的温度。当你设置了68华氏度（1华氏度≈17.22摄氏度），而外面是75华氏度的时候，空调就会启动，让你凉快下来，然后再停止运转，你感受到的温度就是你给恒温器设定的温度。

难以置信的是，恒温器和大脑某个部位的运转方式完全相同。实际上，大脑有两个部分。一个是叫作下丘脑的器官，它是调节内脏及内分泌活动的中枢，调节着我们摄食的生理功能。有些人怎么吃都不会胖，这是因为受到下丘脑活跃度的控制。有些人即使吃了薯条、土豆泥和冰激凌，也会瘦得像一根棍儿，而我吃个热狗就能长3磅。

为什么会这样？是因为我的设定点，是因为我的身体对热量的反应，因为卡路里的输入和输出量。有些人的脂肪燃烧得快一些，有些人会慢一些。因此，我们可以预见，有些人会超重，有些人就不会。

然而，我们可以改变设置——虽然不能完全改变，但我们可以循序渐进地把我们想象中的自己放入脑海里，这就是设定点。这个设定点就是我们所说的网状激活系统，这个系统位于脑干，大概有1/4个苹果的大小，它就是你思想的守护者，是负责控制睡眠和觉醒的激活系统。

我来举几个例子：不要在街上乱跑，否则可能会挨打；

穿上毛衣，否则你会感冒的。网状激活系统会告诉你所有需要注意的事件。这件事是否存在危险？是好是坏？有没有帮助？这就是你的R2–D2（小精灵），它在尽职尽责地遵循你为它设定的程序。它总是试图让你获取目前的主导思想，一段时间后它就会知道你是谁。

就像下丘脑控制着你在休息中和锻炼时燃烧的卡路里一样，网状激活系统成为我们自我形象的心理设定点。农夫凭直觉就知道什么时候会下雨。母亲可以听到楼上婴儿啼哭的声音，而别人听不到。这是因为她的设定点就在“听孩子的声音”，她的设定点就在“孩子不舒服；孩子衣服需要换洗；我是孩子的妈妈。”

每个人都有一个类似下丘脑的心理设定点。随着时间的推移，你会摄入一定量的卡路里，因此你必须燃烧一定量的卡路里从而保持体重；如果随着时间的推移，体内燃烧的卡路里超过摄入的卡路里，你的体重就会下降，达到目标体重。所以，你的目标就是给“恒温器”设定一个期望的体重，等你的新习惯开始发挥作用，下丘脑就会做出相应的调整。

这意味着你很可能获得你所期望的结果。如果你去听讲座，你认为它会枯燥乏味，那么它就会变得无聊，因为你会在讲座过程中寻找一切无聊的东西去验证你的观点。

你的自我形象总是建立在你期待的、你想要的和你相信会发生的事情上。比如：有一家人在圣地亚哥机场跑道尽头

买了房子。当你问他们为什么这样做，他们会回答："因为这里的房子便宜。我们想到会有飞机噪声的问题，想着情况可能没那么糟，但噪声是挺可怕的。"你去他们家做客，飞机起飞降落的噪声把盘子和杯子震得啪啪作响。但三个星期后，这些人会说，"这没什么，我们都习惯了。"

这意味着什么？意味着他们自我印象中的设定点让他们习惯了不再选择听飞机的噪声。新纽约人习惯了双耳不闻警车的声音，但当他们去丹佛（科罗拉多的一个合并市县）旅行时，蟋蟀的叫声却能把他们吵醒。而科罗拉多的人们之所以听不到蟋蟀的声音，因为他们早就习惯了蟋蟀的叫声。

你得到的结果就是你设定的目标。你的自我印象就是你头脑中的"恒温装置"，如同下丘脑是大脑中的一个重要组成部分一样，网状激活系统寻找着重要的东西。当恐惧变成目标，社会上发生的一切恐怖的事情都会变成发生在你身上的恐怖的事情。"哦，我的人际关系不好，我相信接下来还会如此。"如果你这样想，那么你会达到你在自我形象中设定的期望。

这就是为什么要重点关注那些可以实现的目标而不只是缓解负面情绪的事情，关注你想要的而不是你害怕的，因为大脑根本不在乎实现目标以外的事情。大脑会专注于主导思想，它会引导你在大部分时间里朝着你的思维方向前进。每一天、每一分钟，它都朝着你当下的主导思想前进。你不可能把注意力集中在和你所想的截然相反的事情上。

你的思想不会带你远离你不想要的东西，它只关注你正在思考的东西，即使你不想要这样，它依然会把这些东西放大，好像这就是你的目标。

当父母告诉孩子们：“不要做这个，不要做那个。”孩子们听到的一切都是“不要做”。我对儿子就犯了这样的错误：他5岁的时候，我总说他是个爱尿床的孩子。提醒他原本不想发生的事情令他尴尬。事实上，也是我引发了这种问题。他有规律地尿床，因为他的爸爸让他习惯性地相信他就是一个爱尿床的孩子。出于尿床的尴尬，他把床单和睡裤藏到篮筐里，想尽一切办法努力证明他不是一个爱尿床的孩子。

后来，我终于意识到是我把他的自我印象设定为一个爱尿床的孩子。我带他去海边散步，告诉他，是我太挑剔了。事实上，我为他感到骄傲。然后，我开始研究他的自我形象，我对他说：“星期六，我想带你去钓鱼，我们得做些准备工作。我计划在六点起床，当然，那时候你还在温暖干爽的被窝里。之后你要起床穿好牛仔服，我们带些三明治上船，我们的钓鱼之旅会非常愉快。”我迅速输入“温暖”和“干爽”这两个词，描绘了一幅明天的美好画面。整个晚上，我想方设法强化了他想成为的人。我反复地强化他的成功，反复给予他正面的肯定，反复给予他更多的期待，并绝口不提缺点。我一直在引导他朝着自己期待的，而不是朝着他不想成为的人的方向努力。

这就是虚拟现实变成事实的原因。你的自我形象就像恒温器一样被设定。不要让它变成一个温度计，总是被新闻媒体、耸人听闻的言论、政治家，还有那些只相信自己而否定他人的人所控制。我厌烦那些因为他人属于不同派系就去批评他人的人。为什么就不能给他人的信仰保留空间呢？你的信仰不必和他人一致，你只需要为他人认可的自我形象和信仰保留空间。

自我意识和改变消极行为的更深一层含义是，深入探索自我，真正了解自身以及核心竞争力。然后，我们就可以从擅长的领域入手，这会令我们心情更愉悦，工作更高效。

人们往往很难确定自己的核心竞争力。他们会说；“我的目的是什么？我不理解别人想让我做什么？”

多年来，我一直在约翰逊·奥康纳研究基金会工作。基金会的总部在纽约，研究中心在芝加哥。它在全国各地都设有办事处，提供天赋测试服务。

事实证明，那些拥有核心竞争力，有天赋和有欲望的孩子一生都会带着这些特质。在某个阶段，当他们经历了中年危机，想重返自己热爱的领域时，他们选择回归的领域都是童年时期擅长的相关领域。

有一项对50名儿童进行的研究证实了这一点。这是一项针对7岁儿童进行的调查研究，每7年随访一次，直到他们年满42岁。研究表明，儿童的乐趣、爱好、天赋以及他们表现出色的事情，会持续很多年。但在这个过程中，来自同伴的压力、父母的压力、老师的压力和社会的压力会迫使他们选择一条不同的路。也许，他们最终会重返初衷。

在我看来，考察核心竞争力最好的方法就是去做一个天赋测试。你可以参加优势发现测试，可以参加迈尔斯–布里格斯类型指标测试，很多类似的测试都是免费的甚至可以在线测试，但它们都只是些肤浅的杂志式的测试。你可以诚实地说出你心中所想的优势，然后对它们进行优势发现测试，因为没人比你更了解自己。你是评判自己的行家，可能你不这么看，但你的确比别人更了解自己。在真正的自我意识测试中，你是诚实的。

无论如何，为了考查核心竞争力我要做的第一件事就是重温童年。我会让自己回忆7岁到14岁期间我在学校里、放学后和周末最喜欢做的事情。然后，我会把这些事情投射到我的第一份工作中。我喜欢我的工作吗？我是为了赚钱才做这个工作的吗？我什么时候觉得我很享受我的职业生涯？我什么时候想到把我喜欢做的事情作为我的职业？也许，我从来没有思考过这些问题，也许我只是觉得我赚了很多钱，在业余时间才会玩得比较开心。那你业余时间喜欢做什么？你最大的爱好是什么？你的爱好包括你的职业吗？你有兼职工作吗？你有过居家工作的经历吗？什么是你一直想在业余时间做的事情？

重温童年，回忆童年时代的激情，回忆你十几岁时候的模样。再看看你现在下班后喜欢做什么，看看你星期六最喜欢做什么。通过这些，你会找到你的核心竞争力。为什么呢？因为人们会做自己喜欢的事情，人们最喜欢的事情就是他们愿意全职去做的事情。

这样不是很好吗？这很好——对于那些热爱科学的科学家们来说，因为他们一天都不用上班。做个喜爱教音乐的音乐老师不好吗？即便他们可以上台表演，但他们更愿意当老师，因为这是他们所喜欢的事情。如果我们每天都在玩而不是在工作，这样不是很好吗？

当你挖掘自己核心竞争力的时候，我相信这是可以实现的。首先，重温你曾经喜欢做的和你现在喜欢做的，然后去做一个正规的天赋测试。这种测试可以面对面或者在线进行。你能不能灵活地使用镊子？你能不能稳稳地握住手术刀？你能不能稳稳地切割？你能不能拆卸钟表？你能不能拆卸汽车化油器？你有音乐天赋吗？你的艺术造诣怎么样？你能不能把你看到的东西画出来？你有色彩感知力吗？你擅长口才吗？这些都是天生的能力，不是后天学习的结果，它们是与生俱来的能力，你要做的就是更多地去了解这些能力。

所以，我会在孩子们14岁左右，当他们决定要专注于哪个领域的时候，为孩子们付500美元，带他们参加天赋测试。我会说："伙计，有件能让你兴奋的事儿，你知道是什么吗？我有办法让你看看你的'口袋'里有什么，你的'篮筐'里有什么，我有办法让你看看你的'恒温器'里有什么。我会送你一份最好的礼物——天赋测试。测试的目的不是为了看看你哪里比别人强，而是为了让你看看，胚胎期你获得的5～7种能力都是什么。"这些都是受孕期在胚胎形成时，胎儿获得的自然天赋。之后，它们会被激发出来，如种子般在你的体内生根发芽。

我还可以从朋友们那里得到反馈。他们会告诉我："天哪，你比别人可优秀多了，但你对自己太苛刻了。"我还可以看播客、网络研讨会，上网以及观看视频网站。我看到别人正在做我一直想做的事情；我看到其他我这个年纪的人正在做的事情。然后，我会说："等等，这家伙和我的年纪相仿，我们的教育背景也差不多，他的经历也不少。这件事情不只是为富人和名人准备的，也不只是给奥运选手或者超级碗冠军准备的。嘿！我也能做到！这样做很棒！"

不断和那些有进取心的人建立联系，经常和那些对未来抱有相同信念的人待在一起。核心竞争力是通过天赋测试，通过自我观察以及从一些信息传递者和导师那里获得反馈而被发掘的。

好的老师都这么做。他们不会告诉你应该做什么，而是帮你挖掘自身的潜能。他们只是问你一些问题，让你给出答案。伟大的教练教你的都是基础知识，然后发掘你的核心竞争力。

并非所有的能力都是与生俱来的，有很多能力也可以通过学习获得。你可以培养一些兴趣和技能。然而核心价值则不同：它们是早期就已经习得的，而且很难改变，除非你找到绝对信任的角色模范，或者一个让你信任，让你愿意交付生命和未来的人。

有一些方法可以用来挖掘你的潜力，发掘你的独特天赋，让你成为一个真正的成功者。第一，写日记是个好主意。日记不仅可以用来叙述你已经做过的一些事情，还可以记录你的目标和你想要做的事情。它是一种可以用来记录日常想法的途径，你可以通过认真思考这些想法来挖掘它们的价值。我建议每个人都写日记，随时记录自己的想法，你会从里面找到一些你最热爱的和真正可贵的东西。

第二，我还建议你去做一次全面体检。从健康角度而言，我们都会有某种基因遗传倾向。举个例子：我的外公在50岁的时候死于双肺炎，而我的两个女儿都有支气管方面的问题；我的父亲有肺结核，因此我们的遗传倾向于一些肺部疾病；我母亲的家族有肥胖史，因此我的一个女儿需要控制体重，我们全家都要确保不能过量饮食，以免造成肥胖。这就是为什么当你去体检时，医生总是问你：“你的父母还健在吗？你有兄弟姐妹吗？他们多大了？”我有一个比我大3岁的姐姐，我会把她作为我的健康风向标。

如果你做一次全面体检，并且了解近亲健康史，那么你会对自己的健康状况有实时的了解。你会注意身体健康，而不是等它出问题才想起来这件事（我们往往不会主动保养车子，直到打不着火或者车子发出嘎嘎的响声时，才会去检查）。对我来说，全面体检非常有效，因为我的一部分竞争力需要我拥有健康的体魄，随时待命，准备出发。尤其现在，在晚年，我更需要一个好身体。因为我对自己的健康情况进行过调查，所以我看起来要比真实年纪更年轻。

第三，打破例行公事的壁垒，拓展你的舒适区。一些有趣的研究表明：当人们退休时，尤其是军人和教练，他们的身体会走下坡路，除非有什么东西把他们引入新的方向。因此，不管你拥有多少能力，如果弃之不用，就会丧失这种能力。比方说你一直打高尔夫球，当你退休后，你依然坚持每天都打高尔夫。但有一个问题，即除非你正在做的是一些新的、不同于打高尔夫球的事情，否则，新生神经元就会减少。每天打高尔夫球，这只不过是你一直都在做的事情，并不能拓展思维。因此，打高尔夫球既不会改善你的记忆力，也不会让你变得更灵活、敏捷。

所以请远离你的舒适区，探索新领域，换一种方式去工作。夏天的时候，去世界上那些可以滑雪的地方滑雪，从日常例行工作中抽出身，探索全新的、新鲜的模式。只有这样，你的大脑才能以不同的方式运转起来。

当我涉入自己不擅长的技术领域，我的大脑就必须开展工作，激发神经元。这就意味着我的大脑会更加积极地运转，因为我正在做一件全新的、不同于过去的工作。

这就是为什么我建议你们走出舒适区，用不同的方式拓展自己的思维。这意味着你会结识一群新朋友。我们总是和那些与我们有共同想法的人，相信并赞同我们做事方法的人站在同一立场。但我认为多样化的生活方式，例如结交新朋友，尝试新餐馆和异国风味餐厅，养成新习惯，学习新事物，等等，这些既是让你保持青春活力的好方法，也是帮助你保持灵活性和自信心的好方法。

在过去的几年里，我做过好几个几乎危及生命的手术。医生总是告诉我："像你这样的老年人都会遇到同样的问题，那就是你们开始失去平衡能力，所以人在65岁到70岁的时候都会更容易摔倒。"老年人平衡力不太好的一个主要原因是：因为你老了，走路的时候就开始盯着脚下，握紧扶手。这意味着你不再依靠你的内耳保持平衡，你只是依靠眼睛和手抓住扶手。后来，我发现当我直视前方，用内耳保持平衡，让自己只是向前看而不是盯着脚下的时候，我的平衡感要好很多。我会先看一眼脚下，确保自己清楚台阶的位置，然后目视前方。信不信由你，在我这个年纪，我的平衡感比大多数80多岁的人要好很多。

第四个建议是做一个“我是”的清单列表。

“我是健康的”“我是强壮的”。你也可以列出需要改善的事件清单，或者你不擅长的领域清单。你可以用“我是”的清单去培养你的竞争力，打破局限性拓展自己的能力。这个清单也可以是日记的一部分，它最好包含两项栏目：一边写“我是这样的”，一边写“我不是那样的”或者“我想在这方面有所提升”。

我还建议你了解下别人眼中的自己，也就是我们说的同理心。获得同理心不但要站在别人的立场上，还要像别人看你一样看自己。如同苏格兰诗人罗伯特·伯恩斯（Robert Burns）写到的，哦，有个天才让我们看到自己，他让我们看到别人眼中的我们！如果我们看自己的角度能和别人看我们的时候一样，我们可能会感到相当震惊。这就是为什么你不应该只有酒肉朋友，还应该有能和你说真话的朋友。有人告诉我：“丹尼斯·韦特利，你知道吗？你总是迟到。这就是为什么他们都叫你韦特利（Waitley），因为我们都要‘等’（wait）你。如果你能早点到或者准时到，我们的感觉会好很多。”其他人都看着我，他们也一样在向我传递真诚的反馈。

这就是为什么我强调要扪心自问。如果我是我的孩子，我是否会喜欢像我这样的父亲？如果我是妻子，是否想要我这样的丈夫？如果我是父母，是否想要我这样的儿子？如果我是自己的朋友，是否会喜欢我这样的朋友？如果我是团队成员，我会如何汇报工作？如果我是老板，会让我成为团队的一员吗？当你从别人的角度看自己的时候，你就进入了一个内省循环。

我的孩子们都非常优秀。我们在讨论时，不会相互批评，而是告诉对方哪些事情我们可以有所改进。我们会使用正向强化的方式，也就是用建设性的意见和对方交流。最近，我对女儿说："你很有天赋，很有竞争力，很有才能。我想，如果你能再专注些，效率会比现在更高。"

第五个建议是：听真相，讲实话。听真相意味着要思考消息来源。互联网提供的观点就像是一项调查研究，我一直在思考其消息来源。这个观点是谁的？是名人说的吗？他们是谁？这是新闻播音员的观点吗？他们有资格这样评论吗？这个消息是一手的还是二手的？出自大学吗？做了哪些研究？是奇闻轶事，还是经过了盲测研究？真实情况是否出自符合资质的调查研究，比如出自斯坦福或哈佛大学的研究？事实和一时之间的狂热报道之间的差异是什么？事实往往需要经过一段时间的调查研究。我经常会考虑某些话是谁说的，为什么这么说，什么时候说的以及有什么资格这么说。

讲实话和听真相是一个意思。你说的每一句话都代表一种观点，但不一定基于事实真相。事实上，很多人讲话都是以自己的信仰体系为基础。不久之后，他们发现很多他们认为的所谓的真相其实根本就不是那么回事儿：地球是平的，你不会掉下去。生活中有很多关于生活本身和成功的神话。当我发言的时候，我会说这是我的观点，要么我会说这是迄今为止我学到的内容，或者说我是从某个地方发现的这一观点，你要证实一下。但我从来不会说与事实不符的话。我不会说："他们说"或者"我听说"，或者"你知道吗"，我只听事实真相，也只说那些来自有效来源的并被证实了的事实真相。

第六个建议是：每天独处30分钟。我每天早晚都这么做，这是一种可以让自己专注于重要事件的方法。每天早上，我会花30分钟的时间，可能是6：15～6：45，躺在床上思考，确保这天有一个良好的开端。我会在心里反复思考接下来的一天我要做的最重要的事，以便于我可以优先处理这件事。

大多数人会把一天当中最初的一个小时浪费在缓解紧张而不是目标达成上。我们看报纸，这是件惬意的事儿；我们喝咖啡，这也没什么错。但打开电视，让自己沉迷其中，让自己兴奋起来，或者被我们看到的新闻吓一跳，这些都不是度过每天的前30分钟的好方法。

花30分钟思考：这是我今天要做的，这是我的ABC清单。A是需要立即解决的事情，B是今天之内必须完成的事情，C是可以等到明天再做的事情。当我起床的时候，我会以一种乐观的态度开启新的一天。

白天，我会在午餐时间或散步期间停下来问自己："我现在做的事情会使我充满激情吗？能够帮助我自己或家人实现目标吗？"这样做就是我对自己正在做的事情进行的一次审计。

夜晚，我总是怀着感恩之心，想着快乐的事情入眠。我在暮色中度过一天中最后30分钟，我对一天中发生的一切心存感激，确保计划好新的一天是充实的一天，而不是在虚度时光。

健康自尊心的特征

一个拥有健康自尊心的个体是谦逊的。为什么不这么做呢？如果你要做一件好事，为什么不谦逊地和你的仰慕者一起分享这件事？世界上一些伟大的运动员会对他们的仰慕者充满感激，因为他们总是在那里支持着自己。这些运动员并不觉得自己有多么重要，以至于不能给他人签名。这些运动员是谦逊的，他们获得了很多，希望能够毫无保留地和他人分享自己的收获。他们的性格更温和，更关心别人，不会通过抨击别人来证明自己了不起。

高自尊的人通常还有良好的卫生习惯。为什么这么说呢？因为如果你喜欢自己，你就会关注自己的身体状况。这类人走起路来就好像知道自己前进的方向。他们站得直，坐得正，体态端正。他们是第一个引荐自己的人，因为他们想与其他人接触，不会坐等别人上门，会与他人有眼神交流，带着微笑问候他人，主动向他人伸手示好。他们的肢体语言令人感到舒服，他们不会对着别人大声炫耀自己是谁。

当今社会上那些拍着胸脯说“我是最棒的，我太了不起了”的人和高自尊的人正相反。这些话对穆罕默德·阿里（Muhammad Ali）来说倒是很有效，因为他的任务就是恐吓反对派，甚至告诉反对派们，他们什么时候会败在自己的铁拳之下。如果你是古罗马的角斗士，你肯定需要夸大自我来震慑对手；但是当你拥有了健康自尊心的时候，你就不必自吹自擂。

高自尊的人不会夸大其词，不会咆哮，不会叫喊，不会急于求成，他们也不会咄咄逼人，并且非常自信。他们拥有大多数人认为的好孩子所拥有的特质。人们常说“好人难做”“自求多福”以及“走上人生巅峰”，这些说法和事实完全不符。在社会里，人们需要相互依存。你必须和他人一起获胜而不是作为一个孤立的个体获胜。

一个低自尊的个体卫生习惯也会很糟糕。为什么这么说呢？他们不关注自己，他们认为自己不配。他们会认为，你能拿我这辆“破车”怎么样？可是，为什么你的身体不能是一艘“宇宙飞船”呢？为什么你的身体不会是你最重要的“交通工具”呢？

如果你是低自尊的人，你可能会过度吸烟、酗酒、吃不健康的食物，不干净整洁。你不是不修边幅的时尚达人，你只是没把自己当回事儿。显然，人们看到的是你完全不在乎这些。但这不只是关乎外表的问题，而是关乎你自身健康的问题。

低自尊的人总是很挑剔。他们喜欢轻视别人。他们觉得自己很渺小，因此也无法容忍别人变得更好或者有更大的成就。他们总是攻击别人。

一个穷凶极恶的人说：“我叫约翰·迪林格（John Dillinger），我不想伤害你们，但你们要知道我是谁。”他过去常常冲进农舍，恐吓人们。他想让人们知道罪犯约翰·迪林格来了。

你可能会混淆低自尊和自我膨胀，自我膨胀是指一个人表现出来的自信心超出本人实际情况。一些自恋和反社会的人希望把自己推向人生巅峰。我们从暴富的人那里可以发现这些特质。暴富的人总是想向人们展示他们取得了多大成就，赚了多少钱。这就是我们过去常说的“丑陋的美国人”。“丑陋的美国游客”常常会说：“嗨，我是美国人，这里有人会讲英文吗？”因为他们有钱，他们就觉得无论走到哪里都可以呼来喝去，高人一等。

同样的情况正发生在那些生活水平快速提升的国家。他们正在变成“丑陋的游客”，因为他们觉得自己地位比别人高，尽管事实并非如此。他们用膨胀的自我取代了谦逊的形象。

低自尊的人常常会进行自我批评。当你赞美他们的时候，他们不会欣然接受，而是自我否定。如果你说“这件衣服真漂亮”，他们会说“这不是新的”。有健康自尊心的人则会坦然接受自我价值，接纳自己，然后简单地回答：“谢谢，非常感谢”，之后，他们会回馈对方同样的赞誉之词。

低自尊的人会说：“这不代表什么，只是我比较幸运。没什么大不了的，这些不重要。”当你说：“我们给你带了生日礼物。”他们会说：“你们带什么礼物啊，我可承受不起啊！”一个人应该接受任何有价值的馈赠。低自尊的人往往倾向于谦逊、自我批评，并且认为自己配不上。

20世纪七八十年代，我们就开始了自尊心这一话题的讨论，有些研究曾经质疑关于自尊心是性格特征这一论点。一些研究已经表明：罪犯，甚至那些虐待儿童的施虐者的行为总体来说不是由低自尊导致的犯罪。此外，尽管美国学生的考试成绩不如亚洲学生，但他们在学术问题上的自尊心却高于亚洲学生。确切地说，在学校，自尊心与成功的关系微乎其微。

实事求是地说，我们的社会正朝着一个更肤浅的方向发展。在我看来，很多人把自我和真正的自我价值混为一谈。我认为他们谈论的不是健康的自尊心，而是当今社会需要的自尊心。我们的社会已经变成了一个有攻击性的、咄咄逼人的社会，我们认为我们可以随便评论，做任何事。你看《杰瑞秀》（*The Jerry Springer Show*），会看到人们相互抱怨，扭打在一起，尖叫，相互辱骂。我们觉得这种表达方式更吸引人，但我们以这种消极方式表达比用积极方式表达更具示范性。

还有一个例子：在我上学的时候，老师走进教室，我们会起立问老师好。我们非常清楚地知道我们的角色和老师的角色。

如今，当我走进美国各地的高中时，我看到很多个性化的表达。人们想按自己的喜好穿衣打扮；想用自己喜欢的方式表现人体艺术；他们想穿得更具挑衅性，以引起别人的注意。对我来说，这些和自我感觉良好没有任何关系。这意味着他们希望被定义为值得关注的对象，但不一定是以积极的方式。

我发现一个拥有真正自尊心和真正价值的人比一个人见人怕、自负自大的领导者更优秀。很多人把自尊和给别人留下深刻印象或者名噪一时相提并论。我觉得这是因为我们的社会文化已经一改过去那种友好的氛围，陷入一种更喧闹、更具攻击性的状态。现代文化中真正缺乏的是礼貌。对我来说，有礼貌是健康自尊心的体现，而粗暴无礼则是低自尊的体现。

这种改变是随着社交媒体的出现而产生的。你可能会争辩说，人们对社交媒体的痴迷和喜好等因素使我们越来越难获得高自尊。例如：青少年追求外界的认可。成功往往被定义为你拥有多少追随者或有多少喜欢你的人，或者你的视频是否走红。

但在某种程度上，我们一直如此。我们想成为群体中的一员。记得在高中的时候，我希望自己和其他人一样被接纳，我以某种方式打扮成那个团体的一员，但这通常是一个和穿戴随随便便相比是否更得体的问题。我不是说要穿多么精致、昂贵的衣服，我是说应该穿得干净整洁而不是邋里邋遢。与此同时，这和穿上新鞋子和新裤子，戴上金链子去炫耀毫无关系。

一个十几岁的女孩曾说："这个足球明星真的跟我说话了！"我心想："他本来就应该和你说话，他是个足球明星，他应当和每个人说话。如果他自我感觉良好，他就应该是世界上最友好的人。"那些拥有过人之处的人应该是世界上最宽厚仁慈的人，而不是狂妄自大的人。

如今的社会流行着一种想脱颖而出的倾向，不管是高高在上还是与众不同。我们希望自己独树一帜，所以我们想更具挑衅性。也就是说，我们为此会把头发染成绿色或者橘色。

今天的美国缺乏集体心态或者步操乐队心态。我了解过所有在体育系设置了步操乐队的国家。不管你信不信，如果你有一个步操乐队，通常是因为你有一支优秀的足球队。你有一定的纪律性，因为当你不想步调一致，你就做不到步调一致。我注意到，当某些学校放弃了步操乐队和足球队时，其他的一切管理活动都开始丧失控制力，尽管人们自认为拥有了更成熟的理念。

篮球运动员比尔·沃尔顿（Bill Walton）在抗议越南战争的时候，他说他想请假，因为他作为个人有权反对这场战争。但是，他的教练约翰·伍登对他说："你可以这样做，但我们的球队在抗议活动当天会照常训练。如果你想成为加州大学洛杉矶分校篮球队（UCLA）的一员，你就要和其他人一样参加训练。"

对社会媒体的追随者而言，关于思考什么才是重要的这一问题，需要具备一定程度的健康的自尊心。人们每天都会问我在脸书里有多少粉丝，我说："嗯，一般有5000人吧，但我欢迎所有想和我成为朋友的人。当我拥有5000名粉丝的时候，一切都结束了。随后，我的粉丝数量又增加了大约1万、2万或者3万人，但是他们和朋友有所不同。后来，我又去领英平台注册，很快就有人加我好友。最初，我仅有5名粉丝，再后来增加到150名。"

我必须拥有大量的粉丝，这样人们才会认为我很重要。

我们都会落入这样的陷阱：我们对自己的看法是基于有多少人支持我们。落入这个陷阱是一件可怕的事情，因为它与你是否出色和人品好坏都无关。普通人未曾取得过什么成就或者做出过什么贡献，只会为有天赋和严于律己的人喝彩。

数字世界有种把一切变成数字的魔力，最终再把数字变成商品。然而，发展健康自尊心与摆脱自我修饰，让自己变得真实，让自己保持独有的风格有很大关联。

生活塑造时尚，但是时尚不会塑造生活。时尚是由那些能够领悟到新需求的人们创造的。这就是裙子的下摆长短不断变化，鞋子的款式和颜色也不断更新的原因。这些变化不是基于消费者的需求，而是基于时尚界的期望。时尚界的人们希望通过给予我们一些新的东西而赚到更多的钱。我们必须明白，当人们为商品做广告时，我们会购买他们的产品，这样我们就可以成为这一群体中的一员。曾经有一位吟游诗人从城市来到乡村，他用一首歌谣或者说是一首诗向乡下人叙述了城里人的生活。即便在那个时候，也是生活在塑造时尚。当乡下人了解了城里人的生活，他们就开始效仿。我曾经看过音乐界的人是如何通过告诉消费者应该听什么样的音乐，开心的时候应该做什么事情以及宣传什么可以让人们更开心，从而操纵他们。

那些拥有讲坛的力量、互联网的力量和社交媒体的力量的人影响着时尚和大众的品位。我希望看到更多个性化的东西，这意味着动力来自内部，而不是随波逐流。我认为很多人都在随波逐流，未能保持初心。他们总是被数字，被表面现象，被别人牵着鼻子走。

培养积极的自尊

我们一起来看看培养积极的自尊的四个行动步骤。**步骤一：穿上合适的衣服，时刻保持最佳状态。**不是说一定要穿着时尚。你不必穿名牌服装，也不必和别人穿的一样，只要保持干净整洁。当我在游轮上演讲的时候，我没有西装革履，但也没穿短裤或者泳衣。我穿的是商务休闲装，所以我看起来是一名演讲者应该有的样子。

在你参加活动时，别人会对你产生第一印象。我们会根据人们刚进门时的样子去判断他们。在我参加某项活动时，我发现与穿得不太得体的人相比，穿着比较正式的人会产生更积极的影响。如果你是摇滚明星，是史蒂夫·乔布斯，或者某个大人物，你当然可以穿凉拖、短裤和T恤衫，这是那些到达人生巅峰的人们统一的形象。但如果你和我们一样，仍然在努力融入一个具有特定行为规范的群体时，穿着得体就变得至关重要。

步骤二：改进你的肢体语言。肢体语言在今天非常重要，它是我们为了成功摆出姿态的一部分。事实上，所有TED演讲中最受欢迎的是哈佛商学院的艾米·卡迪（Amy Cuddy）博士的演讲，她阐述了在第一印象中，肢体语言和姿势是最重要的因素。

众所周知，第一印象是永恒的。在今天这个数字世界，不到两秒的时间，你就会给人留下第一印象。事实上，当你走进来的第一微秒，人们就会立刻对你产生印象，你的姿势决定了很多事情。你的身体站得直吗？你的坐姿是抬头挺胸，后背挺直的吗？你走起路来淡定从容吗？你是目标明确大步流星地向前走吗？你坐着的时候，跷着二郎腿吗？双臂交叉吗？你的姿势是什么样，你的肢体语言就会传递给别人什么信息。

艾米·卡迪的研究发现，人们更容易接受那些肢体语言显示出开放、投入、热情又乐于接受的人，而不是那些整天坐在电脑前面的人。我是不是在屏幕前坐得太久，导致我有些驼背？我必须学习抬头挺胸，后背挺直。

我注意到人们参加活动期间去洗手间时，会偷偷地溜出去。他们不想在演讲进行过程中，被别人注意到去洗手间这个行为。

有健康自尊心的人会说："要知道，人人都需要去洗手间。我自然不会鬼鬼祟祟地溜出去，因此也不会有人注意到我。”这也是为什么有些人喜欢坐在室内后面的位置上，因为后面比前面更方便逃避互动，坐在前面的人会和演讲者产生更多的互动。

步骤三：发挥你的优势和特长。毕竟，我们的生命有限。如果我们能活1000年，那么我们有大量的时间探索更多的未知领域。但是，为什么你不去把最好的一面尽快发挥出来呢？好好发挥你的特长和优势，而不要对你的弱点忧心忡忡。

这也是为什么在团队中，运用他人的长处弥补你的不足显得尤为重要。我有组织能力，但我不擅长招聘或解雇员工。我需要发挥我的优势，做一个热情、开放、令人愉快又有信用的演说家和作家。我需要另外雇用有组织能力的人员，擅长营销的人员以及精通数字的人员。我在过去的生活中从未考虑过钱的问题，我只关心桌子上是否有足够吃的东西；我从未想过自己能变得多么富有；我从未想过自己能赚多少钱。直到最近，我才意识到我需要经济独立，因为我不想一直窝在孙辈的家里或者被遗弃到养老院。金钱从来不是我衡量成功的标准，这就是为什么我的优势和特长不是以金钱为导向，而是以内容为导向。

步骤四也是最后一步：不管在家还是在办公室，要让自己每天的前15分钟和后15分钟成为重中之重。这件事看起来可能过于简单，但当你停下来思考从你上班签到到工作结束打卡离开的这一天，对你来说意味着什么的时候，你才会有所感悟。

当你第一次遇到某人的时候，说点好听的话；如果你必须去上班，请对同事说一些赞美的话而不是否定的话。接下来的一整天，请对周围的人表示感激，做一个正能量的人，而不是消极对抗的人；到这一天快结束的时候，当你快要放下手头的工作时，找个理由赞美别人，并在离开的时候说点好听的话。这样，当你回到家的时候，你就会拥有更加积极的心态，而不会狺狺狂吠。

回到家，你必须进行角色切换，同样要从表达赞誉之词开始。对我来说，这一晚结束时，永远应该对自己，对曾经拥有的这一天心存感激。我认为，大多数人都将意识到：当他们老去，当他们意识到剩下的日子屈指可数时，他们真的会和我一样，像进入超级碗的第四阶段一样，发生质的转变。

第五章

成功者的选择：在一个不可预知的世界里对结果负责

我在早期的《成功心理学》中说过，生活就是一个自己动手（DIY）的项目。今天，我比以往任何时候都对此更加深信不疑。我可以看着镜子，对自己说："丹尼斯·韦特利，你是那个给自己'制造障碍'的人；你是那个从青年时代就'背着包袱'的人；你是那个接受自己角色的人。"你得审视自己，要么接受原有的样子，要么下决心在未来的日子里做些改变。

你的每个选择都会对未来产生影响。你必须接受或者忍受选择带来的回报或者后果。花点时间，考虑一下你的行为将如何影响他人：如果我这么做，会发生什么？

9岁的时候，我的父亲就离家出走了，因此，我9岁就成了家里的男子汉。我必须承担比我愿意承担的更多的责任，我要照顾比我小7岁的弟弟。我需要把弟弟扛在肩膀上，走过12个街区到达海边，只是因为他不想自己走路。他一直跟在我身边，我送他上幼儿园，接他放学回家，他是我的小不点儿。事实上，我成了弟弟的"父亲"，我一直扮演着父亲的角色。这就是为什么我将牛顿定律牢记于心：相互作用的两个物体间的作用力和反作用力总是大小相等。

我提到的关于成功者对于事件的控制程度的说法似乎与当下文化趋势背道而驰。现在有很多言论指出：美国经济被1%的富人操控着。人们的收入存在着极大的不平等。经济的流动性不如从前。人们似乎认为自己对在经济领域取得更大成功没有多大的控制力。还有人提道：当今美国社会存在着对不同性别和种族的固有偏见。如今，陷入负债的年轻人比过去多。因此，大学生毕业的时候，情况都很糟。这些因素以及其他因素导致某种影响产生了，尽管这些都在我意料之外，但这些说法似乎都在挑战“我的命运我做主”这一理念。

我的回答是，人们正朝着被赋予权利而不是被赋予权力的方向发展。也就是说，人们渴望得到照顾，即使他们已经得到的远比他们应该得到的多。我属于那些比过去更关心孩子的父母。正如我做的，我确保我的孩子们不必为钱挣扎。比起我的父母，我已经确保他们受到了更好的教育，甚至可能比我所受到的教育还要好。

尽管如此，这样的情景在历史上第一次实现了：一个充满想象力的人坐在车库里或学生宿舍里，通过数字通信和互联网，就可以成为一个富有的企业主。然而，在过去人们必须服从一整套的等级标准才能走向人生巅峰。你只需要看看大学都没毕业的史蒂文·斯皮尔伯格（Steven Spielberg）；大一就从哈佛大学退学的比尔·盖茨；还有从小就挨家挨户卖电脑的戴尔公司的迈克尔·戴尔（Michael Dell），这些人的成功经历说明了一切。

我认为这个新时代造就了更多的机会、千万富翁以及白手起家的传奇故事。越来越多从农场走出来的人成了亿万富翁。这些故事千真万确地发生在时下的中国。我一直在研究中国的新生代亿万富翁，那里造就的亿万富翁比美国多。他们之所以能够创业并使用新技术，是因为他们面对着庞大的市场规模。

我把这个时代看作我们最好的机会之一，尽管人们总是对外表长相和我们不同的人抱有偏见。然而，正如我说过的，差异性仍然是人们用眼睛看到的东西，我们总怀有要去反对他们的意识。

此外，华尔街的金融投资大亨们用最低廉的成本参与脸书、亚马逊和所有新生互联网公司的交易。富人变得越来越富有，并且一向如此。然而，这也是历史上第一次，个人因知识、沟通能力和获取信息的能力而比过去任何时候都更富有。这个时代是一个创新的时代。

看看我们已经习得的东西。通过在线学习，我们发现进入常春藤盟校可能不像你在某处获得高等教育学位那么重要。如今，你的学历不如你在管理类真人秀节目《创智赢家》（*Shark Tank*）中推销好点子，或成为一个企业家那么重要。你如果能帮助人们节省时间和金钱，那么就会比以往有更多的时间和金钱去做你真正热爱的事情，而不是想着用“我们反对富人”作为借口。

我们被赋予了活着、拥有自由和追求幸福的权利。我们生活在认为自己有资格获得成功的社会，而不是被赋予追求成功的权利的社会。

再以奥运会为例。奥运会不是非要打败别人或者成为第一名，而是要看看和世界级选手相比，你在自己热爱的领域里有多优秀。只需尽你所能，你就已经证明了自己的优秀——这与打败别人无关，而是找到自己的卓越之路。我永远对自己的未来负责，同时，我认为我今天的机会比以往任何时候都多。

自由这枚“硬币”的另一面是承担责任。在生活中，我们必须认真对待因果定律。我们有责任做出明智的选择，也要接受由此带来的结果，这和因果定律是相同的道理。我们买一栋房子，就必须偿还贷款。

自由不是免费的。为了你生命中所拥有的一切，有些事情你不得不放弃或者坚持。如果你希望生活在一个自由的国度，而其他人要侵略它，你甚至可能不得不放弃生命，去维护几代人的自由。

如果你不能坚持为你的选择付诸行动，你就无法捍卫自由。因为你做的每一个选择，都会产生一个必然的结果。这让我明白，我的选择是多么珍贵。同时，自由地生活而不是轻言放弃需要付出很多努力。我们越希望别人关照我们，就越缺乏好好照顾自己的能力。

这就是为什么我要给父母们一个严厉的警告。不要为你的孩子们做得太多。比如，为了让他们能早点到校，帮他们系鞋带。要让他们努力一点，学会自己系鞋带。要让他们为忘记带作业而承担责任，而不是帮他们把作业送到学校。在无伤自尊，没有危险的情况下，要让他们先学会承担一些责任。我们永远不要让孩子用生命去冒险，但要让他们承受微小的挫折，从而学会对结果负责。

很多时候，当人们谈论教育孩子的责任时，通常会走两个极端：放任型和专制型。一位过于放任孩子的家长会说："我在教我的孩子们什么是责任感。我让他们按自己的想法去做。在他们很小的时候，我就让他们整天独自在外玩耍，他们自己能搞明白一切。膝盖擦破几次后，他们就会明白要注意安全。要让你的孩子们尝试学习和失败。"这是一种彻底放手不管的教育方式。

另一种极端是强硬的专制型，这类家长会说："我要教我的孩子什么是责任感。他们必须遵守十条箴言。如果违反了任何一条，他们就会挨上一巴掌，并且受到禁足一天的惩罚。"

我认为这两种极端方式都很糟糕。我们生活在一个宽容度很高的社会，几乎任何事情我们都可以去尝试。放任主义者认为，越放任就意味着越开明、越包容，他们认为这是愿意接纳多样性的表现。但这二者根本不是一回事儿。放任主义者会说："去吧，去做吧。"放任主义者的问题是：教会人们随心所欲，想做什么就做什么。如果你自我感觉良好，那你就去做，不必守规矩。

在放任自流的家庭中长大的孩子，在遇到大风大浪的时候，没有可以借力的“压舱物”让自己免于倾覆。当第一个真正的悲剧降临时，孩子们不明白为什么会这样，他们的心里没有界限。他们早已失去了牢固的根，他们被风浪吹得七零八落。他们非常情绪化，要么斗志昂扬，要么一落千丈。他们拥有翅膀却没有根。

我曾任海军军官，所以我最初的父亲形象是专制型父亲。专制主义者会说：“不听我的就滚蛋。我没问你，用不着你说；这些事放假再说；我们会去迪士尼乐园，因为我知道你喜欢去。”

专制型养育方式是一种军事化的管理方式。专制主义者的问题是：假期来临，孩子们就肆意妄为。山中无老虎，猴子称霸王。如果孩子们生活在一个非常死板、令人窒息的环境，就没机会证明自己。一旦孩子们可以摆脱这些束缚，往往就会玩过火。假期成了一种生活方式，因为孩子们觉得自己已经从父母操控的“牢笼”中获得假释。

我曾经和我的两个女儿一起接受过一次采访。采访者说：“有丹尼斯·韦特利这样一位乐观积极的父亲，你们的感觉一定很棒。”

我的女儿们说：“他相当苛刻，他对我们的期待实在是太多了。”她们说：“爸爸，每次都是你来选择假期。在你的记忆中，我们有开过家庭会议吗？你有问过我们这个夏天我们想去哪里吗？”

我说：“没有，因为我知道我们只有一点儿时间。”

她们说：“不对，你认为我们愿意如此，因为我们应该去哪里都是由你决定的。”

放任主义是完全不干涉。专制主义是独裁。也许你不希望放任自流也不希望独裁专制，你希望自己是介于两者之间的权威型。一个权威型家长会说：“听着，我见多识广。我有很好的理由让你明白我为什么不想让你参加这个聚会，因为现场没有家长监督。”

“但是，爸爸，其他孩子都会去，朋友父母的秘书会在那儿。她21岁，她和她的男朋友会照顾我们的。说心里话，爸爸，那会是一个非常棒的聚会。”

当然，你随后会发现派对存在捣蛋鬼和未成年饮酒事件。

权威型的父母就会说：“听着，要不这样，你想和朋友们一起过夜，没问题，我会给对方父母打电话，确信你被邀请。我还要确保你们到达目的地，并且安全回家。”

你会解释设立规则的原因，给孩子分享自身感受的机会。一位伟大的领袖会解释什么是使命，应该努力完成什么任务，他还会给别人机会让他人说出自己的感受，然后，让他们自己做出决定。

请确保惩罚有度，量罪而罚，而不是跟孩子们说：“因为你违反了规定，所以不能参加高中毕业舞会。”你可以罚他们一个星期不能用车，可以夺走他们使用智能手机和平板电脑的特权。

孩子们的确需要界限，尽管他们说自己不需要。他们经常会试探你的底线，无论你给多少自由空间，他们都会照单全收。

我的一个女儿在她14岁的时候对我说："我要在朋友家过夜。"

"还有其他孩子吗？"我问。

"没有，她父母都在家，没有别人来。我不回家只是因为打排球太累了。"

不久，我注意到邻居家的一个孩子拖着一个手提录音机，从我家院子门前经过，朝女儿朋友的那所房子处跑去。此时，我感到不对劲儿。

我们开车过去，果不其然，那家孩子的父母去了棕榈市。和其他年轻人一样，她们为了聚会编造了借口。孩子们往往会告诉我们一些事儿，然后看看我们是否会追根究底。

我曾经多次拒绝过我的孩子们。年龄小的孩子就会说："这不公平。"但是，你已经有过和大一点的孩子们斗智斗勇的经历，因此，你对孩子们用来蒙混过关的做法了如指掌。

还有一点，你从不希望孩子们的安全受到任何威胁。骑自行车或滑板车的时候，权威型的父母会坚持让孩子戴头盔。权威型的父母会告诉孩子为什么这么做很重要，并解释规定的含义。权威型的父母会说："我们已经发现这样做是最有效的，但我愿意听听你的说法。"

相比之下，专制型的父母会说："因为我是你爸爸，我这么说你就得这么做。因为我懂得比你多。在我们家，就要听我的。"

多年以后，父母们会从权威主义教育转向更加宽容的教育方式。部分父母在很长的一段时间里都过于专制。事实上，现在仍然有很多家庭保持着专制型教育方式。专制型家庭长大的孩子离家后，往往彻底放飞自我，并为此付出代价。

选择与机遇

我在很多书中提到过：成功者是依靠选择而不是机遇生存。尽管我们要为自己的选择承担责任，我们也不能把机遇和选择混为一谈。

选择是你做了一定数量可能产生的结果的功课后才做出的决定。假设这样一种情形：你的油箱显示汽油即将耗尽，而你是一位年轻的女性，夜晚开车行驶到了一个陌生的街区，你的手机即将没电，你可以选择抓住最后的机会开到目的地。相反，你也可以停下思考："我需要加油了，现在汽车还能跑多远?”

当你做出选择的时候，你要看看可能产生的结果。当你决定碰运气的时候，你只不过是在前途未卜的情况下去冒险。我总是告诉我的女儿们：“我不是想让你们担心什么，我只是想让你们对自己的选择负责而不是靠碰运气。如果你从高压电线上摔下来，我会给你一个机会，让你有一张安全网。”

现在，让我们探讨一下责任具体包含什么。**第一，在一天内大部分空闲的时间里，你可以决定自己做什么。**这就是对时间的控制。时间流逝，从来不曾停滞不前。你可以浪费时间，但你无法保存时间。你不能把时间留到另一天。科学家们无法制造更多的时间。我们每个人每个星期只有168个小时，一分钟都无法保存。

世界上最有权势的女人之一，英国女王伊丽莎白一世在临终前，对她的医生耳语道：“我情愿用整个王国换取生命。”在那一刻，女王情愿用一切换取更多的时间。

我们没有能力制造更多的时间，但可以决定空闲时间做什么。我们对时间的控制远比我们认为的要多。我审视自己的生活，并感叹道：“我一生中的大部分时间都在穿衣，通勤，吃饭，做准备，工作，赚钱，养家。从高中时期到老年，时间转瞬即逝。谁还记得我大部分书都是什么时候写的?”

晚上，大部分人都在做什么？我人生的前25年大部分时间都在看情景喜剧和游戏竞赛节目。晚上和周末是我唯一可控制的时间。剩下的时间我都是在上班工作，赚钱养家。

这就是为什么我说，人生的黄金时间是在晚上6点到晚上11点之间。你有这么一段美好的时间，你可以选择用它做什么。你会看到别人在赚钱，享受职业带来的乐趣，看到别人在做他们喜欢的事情。他们赚了很多钱，玩得很开心。为什么我们宁愿做观众也不自己参与比赛呢？

在我30岁的时候，我开始意识到我在浪费自己仅有的那点儿空闲时间，我在虚度光阴，之后我开始试图摆脱单调乏味的日常生活。

我写了16本书，和别人合著了4本书。这些工作基本都是在工作日晚上6点到晚上11点以及星期六的时间里完成的（星期日是家庭日、休息日）。星期六，我不会去打高尔夫或网球，我宁愿看书。我还能有什么额外的时间呢？如果你不去挤时间，你又怎么可能有时间坐下来做你真正喜欢做的事情，做真正能改变你生活的事情呢？

这就是为什么我说要活在黄金时间里。不要看太多电视。是的，我会聆听优美的音乐，我会观看新闻，获取资讯。我看《国家地理》和关于大自然的节目以及其他一些展现美妙世界的精彩节目。但我再也不会坐到电视机前，盯着别人在节目里做他们喜欢做的事情。和孩子们一起玩游戏比看别人在节目里玩要好得多。自己参与游戏竞赛总比看别人玩游戏要好得多。这对我来说非常重要。当人们到了80多岁，回顾自己是如何度过人生中的黄金时间时，这对他们来说也会同等重要。

第二，请记住，你可以控制自己的思想和想象力。每一项发明创造最初都是以一种思想的形式出现，只有思想经过内化才能进一步物化。想象加内化就会使一种想法变成现实。

这就是人类的伟大之处。人类会照着镜子对自己说："我是一只老虎，我是一头狮子；我是一名成功者，我是一位作家。"动物依靠本能使自身得以生存繁衍和蓬勃生长。不过，它们仅仅是繁衍后代，循规蹈矩地活着。

通过概念性思考，我们得以改变现在的自己，成为希望中的样子。人类可以塑造自己，这是人类最不可思议的能力。

第三，你可以控制自己与谁打交道，闲暇时间和谁在一起，与谁交谈。你要掌控环境，但不必控制和你并肩工作的人。当然，在结婚成家以后，你不要控制他们是否和你在一起。他们当然应该和你在一起，请记得体谅他们的缺点。你要学会忽略他们的缺点和不足之处，这样你们才能朝着同一个方向看齐。

你不能控制生活中遇到的每个人，但你能控制自己的核心圈子。你可以控制脸书上的朋友，你可以控制给谁发邮件。

你也可以选择自己的角色模范。我寻找的角色模范有的活着，有的已经去世。我心目中最伟大的一些角色模范虽然已经去世，但我从他们身上学到了很多。我可以做一些他们曾经做过的事情，因为他们中的一些人有着和我一样的成长经历。

很多人问我："对一个总是表现得很消极的人，你会做些什么？"我会回答："你必须找到一个积极的人共进午餐、晚餐，或者参加餐后活动。如果你的周围都是些悲观的人，你必须为你的乐观找到一个出口，或者换个环境。通常，这不太可能做到。因此，你必须选择一些能够鼓舞你而不是让你沮丧和意志消沉的人做朋友。寻找乐观向上的朋友至关重要。"

第四，你可以控制你的嘴，你可以选择沉默或者表达自己的观点。如果你选择表达自己的观点，斟酌用词和说话的语气。

曾经无数次我都希望我能收回说过的话或者希望我从来没说过那些话。我们每个人之所以被赋予两只眼睛、两只耳朵和一张嘴，是因为倾听是我们能拥有的最伟大的技能。我已经学会了如果必须讲话，那么就提问题，让其他人回答。优秀的沟通大师会去提问，让人们表达自己的真实感受，而不仅仅回答"是"或"不是"。在今天这个直销和个体差异化的世界里，如果你能发现某人的激情所在，知道如何帮助他们实现目标，那么，你将拥有一个终身客户。同样重要的是，不要通过说和做一些让他们感到自卑、愤怒或者不太重要的事情打击他们的积极情绪。

通过观察、倾听和关注肢体语言，你可以控制你的交流。记住，在这个数字化交流的世界里，你的评论永远无法删除。一旦你发了推特、短信和电子邮件，你的信息就会永远留存在网络空间里，等着人们将来检索，不管他们是支持你的人还是反对你的人。

当你交流时，确保你做的事情对他人是有价值的。让他们对你说："很高兴今天和你说话。我最喜欢和你在一起时的我，因为你把我最优秀的一面激发出来了。我真的很感谢你在演讲开始前问我的这些问题，你给予了我足够多的关注。"

第五，你可以控制你的目标和你投入时间和精力的事业。这就是所说的"目标背后的目标"。

有理想是一回事儿，但以下内容是你在生活中必须做到的。如果你有自己的事业，那你就要做个参与解决问题的人，而不是鼓吹放大问题的人。让自己成为角色模范，这样你身上的标志就能表明你就是自身事业的角色模范。确保你成为角色模范和优秀的教练。我认为事业中制定的目标应该是一个帮助社会变得更好的事情，而不仅是抱怨正在发生的事情。我可以理解人们为什么发出抗议，因为他们觉得自己似乎被遗忘了。生活的游戏似乎只针对一些人而设。然而今天，我认为，事业往往就是一种抗议。我们坐在看台四分

卫[1]的位置上说：某人本应该做什么，某人本可以做什么，某人也许可以做什么。

美国的政府体制两极分化，一个党派厌恶另一个党派，党内成员厌恶党外成员。人们往往倾向于牢骚满腹，而不是去推动有益于所有人的事业。我们应该为社会的协同发展和兴旺发达努力，而不只是为了生存。我认为，人们需要有影响力的、积极的事业而不是让人牢骚满腹的、消极的事业。

第六，你可以控制你的承诺。承诺是一种决定，告诉人们你要做什么，然后就去做。只要你做出了承诺，那么你就应该遵守纪律地坚持下去，无论胜算有多少，或者面对多少麻烦和抨击。

到那时你会发现，你越想成功，人们就越想阻止你，让你留在原地。因为他们不喜欢别人超过自己。当你离开一个群体走向另一个群体，他们就会惶恐不安；当你成功的时候，他们就会羡慕或者嫉妒。社会上有这样一种倾向：人们喜欢抨击那些靠努力工作获得成功的人，歌颂那些撞大运的、中彩票的，或者一炮走红的人。当有人通过努力工作和承诺获得成功时，会令其他人感到焦虑不安。

承诺是重要的，因为它能帮助你告诉他人你即将做某件

① 四分卫是美式橄榄球中的一个战术位置，四分卫是进攻组的一员，排在中锋的后面、进攻阵型的中央。它通常是临场指挥的领袖，大部分进攻由他发动。——编者注

事。或许，你会找到一个同伴或者使你更加诚实的人。比如：一个愿意和你一起去健身房的人，一个愿意和你一起上网学习的人，一个让你言而有信的人。

有时候，我们需要这样。我们需要互助小组督促我们信守承诺。做出承诺不仅仅是一个决定。但一个决定却代表了一个承诺。行动，是承诺的坚强后盾。

第七，你可以控制你的焦虑和担忧，以及你是否对此采取行动。此外，你也可以控制自己对困难时期和对他人的反应。

在当今世界，这一点从未像现在这样重要，因为坏消息传递很畅通，世界上的一切错误都是首要的、近距离的和个性化的。我们不必等上一个星期、一个小时或一分钟，就能看到世界上发生的一切错误。我们生活在一个美丽的世界，但我们并不这么想。因为我们不断提醒自己，我们生活在一个丑陋的世界。

这是一个做好准备和有所准备的问题。抱着最好的期待，做好最坏的打算，接受意料之外的结果。我也会坦然接受不好不坏的结果。我意识到，每天都会发生小意外，出乎我的意料。这些意外也许是负面的，然而，我相信“天助自助者”。

史蒂芬·柯维（Stephen Covey）把责任诠释得相当透彻：“回应”（response）和“能力”（ability）是两个词，这两个词组合在一起就产生了你对发生的所有事情做出回应的能力。重要的不是生活中发生的事，而是你如何看待发生的事，以及你怎么做。你无法总是控制事情发生，但你可以控制自己的回应和焦虑的情绪。

我最关心的是健康、爱，寻找机会和解决方案，以及留心做什么能使自己和身边的每个人生活得更美好。爱因斯坦说过："我们在地球上的处境真是奇妙。我们只在这里停留一段时间，我们不知道到底为何而来。但是我们知道，如果我们能够让生命呼吸得更轻松些，能够把一件事做得更好，那么我们就可以让自己的脚印留在时间的沙滩上。"

我相信人们应该更关心这些问题：机会是什么？解决方案是什么？我们接下来做什么能让它更完美？我们如何才能恢复活力？我们如何才能树立信心？我们如何才能在充满压力的状态下放松？

思考这些问题的确可以让你成为他人更好的角色模范和教练，因为我们倾向于对每天面对的事情做出情感上的回应。我们有一个战斗或逃跑机制，试图帮助我们活下来。而且，当任何不好的事情发生的时候，我们往往倾向于本能反应和恐慌。

控制你的焦虑情绪。你应该关心的是你自身的幸福，你的家庭，你所在的社区，你的国家，以及所处的环境，这些才是你应该关注的，而不是抱怨出了什么问题。与其抱怨，不如开始训练自己，并从中获益。

宁静祷文

请允许我用神学家莱茵霍尔德·尼布尔（Reinhold Niebuhr）那篇闻名遐迩的《宁静祷文》（*Serenity Prayer*）来总结本章节：上帝，请赐予我宁静，去接受我无法改变的；请赐予我勇气，去改变我所能改变的；请赐予我智慧，去分辨这两者之间的区别。我在世界各地举办过《宁静祷文》的全日研讨会，其中包括菲律宾、中国、东欧、墨西哥和哥伦比亚。

我把祷文分成三个部分。第一部分是平静地接受无法改变的事情。什么是无法改变的事情？就是到目前为止，该发生的都已经发生了的事情。历史是无法改变的，我接受那些已经发生的事情。尽管在很多情况下，发现好的事情很难。

然而，下一步是什么？我对历史事件是如何回应的？我对流行病是如何回应的？我对经济困难是如何回应的？我对失败是如何回应的？下一次，我们如何才能把一场悲剧转化成一种更好的解决方案？我从中学到了什么？我最好做些什么准备？

平静地接受不可改变的事情意味着不惊慌，不指责，不透过“后视镜”看你的生活。不要回忆过去，让过去影响自己。如果我们不从过去吸取教训，就一定会重蹈覆辙。

这就是为什么没有一个社会可以存活超过几百年。最初的社会都是成功的，但是后来，不知道为什么，当它发展成熟了，人们觉得自己拥有权利，而不是被赋予了权力。前辈们不希望把生活曾经带给他们的艰难困苦再次传递给后辈。不知道为什么，我们忘记了责任、纪律、自尊是基于内在而不是外在，我们忘记了如何帮助人们恢复活力。狄更斯（Dickens）说得对：让我们面对现实吧！这是最好的时代，也是最坏的时代。我已经接受了发生在自己身上的一切：我的童年，消极的、满腹牢骚的母亲，父亲的离开，离婚，家庭的艰难困苦，我自己的缺点以及我的健康问题。我接受一切，并且正在处理这些问题。

我能做的是改变可以改变的。这是《宁静祷文》的第二部分，就是“请赐予我勇气，去改变我所能改变的。”这句话是什么含义呢?

有勇气就是指做好准备。勇气不是说为了国家而冒着生命危险冲到山顶，捣毁敌军机关枪掩体。勇气是经过充足的准备并熟知应该剪断哪根导火线，从而学会如何拆除炸弹。勇气是做一名合格的消防员或一名警察的准备，是做好冒生命危险的准备。为可能发生的事情做好准备是勇敢的表现。

宇航员随宇宙飞船进入太空，驾驶登月舱着陆至月球表面，然后推动自己回到绕月轨道的登月舱上，最后返回地球。这一过程中，他们每时每刻都受到致命的威胁。为什么他们如此勇敢？因为他们可以控制和改变他们能控制的东西；这意味着他们差不多要为所有选择做好准备。

我认为有勇气改变自己可以改变的还意味着可以改变自己对发生的事情的回应方式。我可以改变自己的反应，我可以改变自己的期望值，我可以决定成为一个乐观主义者。我可以决定看看黑暗中的光明，可以把危机转变为中国人所说的“乘风破浪会有时”。我相信生活中只有两个选择：接受已经发生的和改变即将发生的。我告诉人们：“嘿，换个角度看，我们从中学到了什么？”

我告诉你们我从健康中学到了什么：我学会了更好的饮食习惯，学会了更好地保护我的心脏，多运动，更加乐观，享受生活，活在当下，过好眼前的每一天而不是一味地放眼未来。我已经能够改变我想改变的，这就是我的下一个想法和行动。

智慧源于清楚自己能改变的和无法改变的事情。我无法改变已经发生的，但我能改变自己对已经发生事情的看法，我能改变下一步我要做的事情，这才是人类的责任和选择的精彩之处，这才是我们每天练习《宁静祷文》的最佳方式。

第六章

成功者的欲望：运用奖励激励改变而不是用恐惧激励改变

避免以恐惧为动力

在我们的文化中，受欢迎或是备受关注的似乎一直都以恐惧驱动而不是以欲望驱动。

如果你的目标不是成功而是生存，以恐惧为动力就会发挥作用。如果你只想活着，你可以活在恐惧中。但如果你想成功，以欲望为动力最终会更奏效。

恐惧基于强迫和抑制。恐惧告诉你必须做某件事，如果你不做，或者做错了，会产生一个可怕的后果。这就是战时理论：低头，否则你会中枪；别在街上跑，否则你会被撞；别摸热盘子，你会烫到手。强迫也是如此。如果你不按要求做，你就会受到惩罚。在宗教迫害的旧社会，这是行之有效的做法。在那个时代，统治阶级用酷刑让人们坦白罪行。

恐惧是非常真实的。它会引起恐慌和高血压，分泌肾上腺素，让你的心跳加剧，使你进入战备状态，准备逃跑或者保护自己。它是通过呈现惩罚而避免人们受到伤害。恐惧是一种抑制剂，它就像是一个红灯，一把锤子。这些工具可以协助一个人避免可能触犯的致命错误。

然而，在商界，恐惧是最后一招。幸运的是，我们很少用到这个招式。我们一般不太可能说：如果士气萎靡不振，公司就会继续解雇员工。或者如果生产率不能提高15%，工厂就会倒闭。因为一旦员工听到这些说法，他们会收到信号。他们不会去提高生产率，而是会沉湎于后果，承受更大的压力，会更害怕，犯错误的可能性就更大。

只有最差的教练才会对花样滑冰运动员说："不管你做什么，用力稳住，做到最好，别摔倒。记着，上次你就摔了，你看到后果了吧！不管你做什么，要站稳了，别摔倒。"这就像告诉一个走钢丝的人："今天有风，下面没网。不管你做什么，别摔倒。"然而，走钢丝的人要盯着他前方的目标，即钢丝另一侧的平台。使用摔倒的恐惧带来的往往是我们不希望看到的一幕。

当你着眼于期望的结果时，结果就会达到。当你沉湎于达不到目标会有什么后果的假设中时，你很可能会不幸地朝着失败的方向前进。恐惧可以变成目标，因为我们总是朝着主导思想引领的方向前进。

关于如何使用恐惧这一招式，我们必须谨慎对待，尽管它作为"锤子"或"红灯"的角色工作的效率很高，但这就是我们所说的操作性条件反射。一直以来，我们都把它应用在动物身上。我们设置一个电子围栏，如果狗试图穿越围栏，它就会遭到电击。我们在边界内制造了失败的惩罚和强制的阻拦。

以恐惧为动力也许能让我们在边界内生存下去，但是对我们的员工和孩子们来说，这是一种可怕的激励方式，除了一点：在危险的时候让他们活着。

积极的解释更可取。例如，当人们问："最近你感觉怎么样?"你会说："我感觉一天比一天好。"我努力朝着我期望的方向前进。正如我说过的，网状激活系统是大脑输入的"守护者"，我们总是在寻找输入信息以确认对我们来说什么是重要的。如果我们对某人说："不管你做什么，不要摔倒!""不要生气!""不要迟到!""不要拖延!""不要喝多了!""不要感冒!"，这些就会成为我们的主导思想。当孙辈们皱眉的时候，我对他们说："不管你做什么，别笑!"，然后，我戴上了一个小丑鼻子。

他们说："你戴上面具的时候，看起来很愚蠢，很好笑。不要这样了，爷爷，我现在除了感到生气，就是难过。"

我说："我知道，但找个理由多笑笑总比为发生的事情悲伤不已要好吧。"

主导思想既有心理学基础，又有生物学基础。最重要的是，我们如何确定目标的积极框架和消极框架。

假设你超重了需要减肥，你说："我需要减肥，因为我太胖了。"记得我曾经买过一个索尼语音秤，这个秤很有趣，它说的都是负面消息。当我站上去的时候，它会说："下去一个人吧"，或者"犀牛！犀牛！犀牛!"。听到这些，我就会意识到自己的体重超过了预期目标。

即便如此，你可以告诉人们最糟糕的事情："不管你做什么，不要这样做！""不要迟到！""不要生我的气！""不要用这个报复我！""不要哭，这没什么可担心的！"。

恐惧对经历着它的人来说总是真实的。请告诉孩子："没有什么好怕的，床下没有妖怪。"因为对孩子而言，床下就是有妖怪。

你要告诉人们的是他们期待的结果，而不是让他们远离不想要的结果。如果你去做一件预期不好的事情，你很可能遵循预期，并最终得到证实。成功的人总是着眼于他们想去的地方，而不是他们不想去的地方。因为，很遗憾，恐惧总是与目标背道而驰。

推销员通常需要积极主动地拨打推销电话。我不喜欢接推销电话，因为我们倾向把所有拒绝看作是推销员的个人问题。事实上，看待拒绝推销的最好方式是看到潜在的客户在拒绝推销文案，这可能是因为你推销的时间不对。客户不是在拒绝你，而是在拒绝此刻你推销的这个特定的建议。这就像我们给别人拿了一份甜点，人家却对我们说："我现在不想吃甜点，虽然我知道你刚刚说过这份甜点很特别，这是你做得最好的巧克力巴菲蛋糕，但是我不得不拒绝。"他们不是在拒绝你，他们只是当下不想吃甜点。他们觉得自己暂时不需要甜点。尽管你准备了一个很好的推广文案，但这可能不是一个向潜在客户推广的好时机。

我们总是对打推销电话的人说："我不是想告诉你'不'，我想告诉你我还没有准备好说'是的'，因为我需要多了解了解。你可以在某个时间再打电话，那个时间段我更方便倾听。"这就是为什么推销电话变成了数字游戏，这就是你需要对相同的客户群体持续推广文案的原因。因为不同的推广时间，推广的效果也会不一样。

克服电话推销恐惧的方法就是记住：打电话推广产品的时间不一定适合每个人。客户不是在拒绝你这个人，或者因为你是谁而拒绝你，他们拒绝的是你在不恰当的时间里向他们推广产品。

约会也是如此。在约会中，克服恐惧是非常困难的，因为我们往往过于关注自己的不足和缺陷。我们活在肤浅的文化中。如果你觉得自己看起来哪里不对劲，一定要多掂量掂量。我们意识到不管一个人的外表看起来多么漂亮，他可能还是会产生不安全感。也许你认为自己不够聪明，也许你认为自己除了漂亮之外，别无他物。

我们有充分的理由相信，你应该表现出最好的自我，不必担心被拒绝。也许某些人会拒绝你，那是因为他们受到了你的暗示，认为你在某些方面比他们强。冒着被拒绝的风险，去吧！再次重申，他们拒绝你的推广文案是因为你推销的时间不对，或正赶上他们的情绪不佳。

要求加薪可能非常困难，因为老板可以咄咄逼人地说：

“你说什么？你最近取得了什么成绩要求加薪？”因此，你必须鼓起勇气问老板能不能给你加薪。但你需要不断地要求承担更多的责任，让别人更多地了解你，具有更加良好的团队精神，还要探索能够提高业务的有效方法。然后，你就可以无所畏惧地走进领导办公室并说：“我一直在考虑我和家人的需求，一直在找机会与您谈谈。我承担了很多职责以外的责任，做到了事半功倍。我相信我已经做出了很多贡献，并且会一直为公司的发展做出更多贡献。我希望我对您来说是一位有价值的员工，我希望您可以考虑我的薪酬状况，因为我相信我的职责和我的业绩已经证明我的价值超出我目前的薪酬。”

你必须通过提出涨薪申请并承担更多的责任以展现自己。重申一遍，老板只会说‘不’；但是你有选择权。今天每个人都有很多机会。事实上，很少有干一辈子的职业。由于技术的变革，人们换工作的速度越来越快。你能做的是不断提升技艺水平，不断获得竞争力和更多的技能。这样，你才会一直觉得自己应该得到更高的酬劳。

演讲是最困难的。有人说，演讲最大的恐惧是我们要站在公众面前。其实，那是因为我们害怕尴尬或者被愚弄的处境。当你在家人或朋友面前被别人嘲笑的时候，最糟糕的可能是自尊心的崩塌。尤其在亚洲文化中，还有一个最糟糕的情况就是彻底失败，表现为没有达到家人的期望而令家人失望或者被别人嘲笑。

至于成绩，获得好成绩基于三个原因。第一是竞争力，即你比别人强；第二是确保你上好大学；第三，可能也是最重要的原因，就是取悦你的父母，这样他们会帮你支付学费。你努力获得高分，如果是因为你希望得到父母的认可，这是一种对强迫和拒绝的恐惧。得高分最好的理由是为能实现自己的人生目标而做好准备并获得更多的知识储备。你可以通过内在动力而不是外在动力获得好成绩。不管动力源于你的内心还是外界，动力对你来说都是很重要的。

外在动力和内在动力

这就引出内在动力和外在动力的问题。正如我所说，成功者主要着眼于内在动力。然而，在智能手机和社交媒体的驱动下，我们的文化似乎成了外在动力的“训练基地”。你要决定内在动力还是外在动力是你生活中的一个主要驱动力。

我们都有外在动力，都会受到外部力量的驱使，都有可能成为他人的动力。与众不同、被认可和归属感，这些都是自尊心的要素。我们需要一些证据来证明我们的表现达到期望，这让我们自我感觉良好。这种动力是人类的天性，但它也是个可怕的陷阱，因为我们意识到我们在试图取悦别人，我们的动力来自别人对我们的看法。然后，我们发现取悦别人并没有我们想象的那么重要。我们在取悦大众，而不是按照我们自身价值体系和积极的信仰体系生活。

外在动力是来自外部力量、外部影响、外部形象和别人的评判。我相信这是社会正在走向肤浅而不是走向灵魂深处的一种标志，是社会走向事事微不足道而不是不容小觑的一种状态。看看那些失败的社会——罗马帝国、奥斯曼帝国、大英帝国和中国过去的许多朝代，他们的失败都归因于他们总是努力证明自己是最伟大的或者是最好的，他们忘记了最初是如何取得成功的。一个相互协作的社会最重要的是赋权，让年轻一代坚持最初得以使社会繁荣发展的价值观。

动物们似乎已经学会了这一点，这就是为什么它们有自己的生命周期。举个例子，小型食草动物吃草的顶部，大型食草动物吃草的根部和树枝。生命的周期循环是相互协同的，动物们并肩协作，以继续维持它们的栖息地。

基于上述理由，我认为人们需要重视内在动力。这就是为什么我说："追逐你的激情，而不是养老金。"找到让你激情澎湃的东西，并为此努力奋斗。发现你的长处，朝着这个方向努力。停止取悦他人。帮助人们实现他们的主要目标，而不是让他们认可你，因为你是他们对成功的定义。

我相信：一个社会、家庭和个人只有协同合作、共同努力才能实现目标。不必引人注目，但要光明正大，挺胸抬头，无所畏惧。我们需要在一个不同文化的世界里脱颖而出，这里的每个人对事物的看法都不尽相同。你要融入其中，并且忠于自己的价值观。

当我们开始专注于外在动力时，丢失的正是那些让我们保持人性，让社会永存的东西，即在这个不可思议的宇宙中事物和谐发展的方式。

动力的六种类型

一组科学家在唐纳德·N. 杰克逊（Donald N. Jackson）院长的带领下对动力做过一项经典研究。他们最终归纳总结了六种不同类型：专家型、获取型、独立成就型、同龄身份型、竞争力型、追求卓越型。下面让我们一起来看看它们的具体含义。

第一种是专家型。每个人都希望自己在别人的眼里是个出类拔萃的人：知识渊博，经验丰富，聪明睿智。演讲时能被认真倾听。换句话说，这类人的意见很重要。成为一个被别人倾听的人是非常重要的。我们想被他人认为是某方面的权威人物，比如：木雕、绘画、文身、运动等领域，我们希望在自己擅长的领域表现优秀，让他人引以为傲。这是一种外在奖励：自我感觉良好源于别人对我们的看法。

第二种是获取型。我一度认为我们正走向一个开明的社会，人们不再把金钱看得那么重要。但我注意到，对人们来说，金钱在当下比过去更让人充满动力。我们希望人们注意我们住的房子很大，想把它放在别人看得到的地方，甚至能让别人好好参观一下。我们想让别人看到我们引以为傲的有价值的东西，比如：宾利、奔驰车，艾斯卡达、香奈儿、蔻驰香水，以及一些昂贵的饰品。定义我们的似乎是这些外在的东西，而不是我们的信仰或者拥有的知识。

和过去相比，现在的人们更愿意用获取东西来向他人展现自己取得了成绩。我曾经认为这种趋势会逐渐消失，我们的社会正在形成一种受情商和正念启发的文化。然而，现在的动力似乎是：得到更多，拥有更多，刷存在感，做名人，我们看上去怎么样，我们穿得怎么样。如果你没有最新的5G智能手机，你就不够新潮。如果你不属于最富裕的群体，还没有走到人生巅峰，就仍须努力向上。然而，身份地位不能决定成功。没人永远是成功的，只是当下处于成功状态。因为明天，地球上最富有的人可能遭遇他们出乎意料的健康问题或悲剧。

获得物质财富并不会使你更成功，它只是让你看起来像是一个受到尊敬的人，这是非常外在的东西，是一个陷阱。正如你后来会发现的，那些你年轻时期或中年时期很看重的东西，后来要么拿到了跳蚤市场以最低廉的价格被卖掉，要么送给了亲戚。

长远来看，物质财富真的不算什么，你无法把它们带到未来。你只是这些财产的保管员而不是拥有者，你无非就是在活着的时候负责“照顾”它们。

埃及法老建造金字塔是为了埋葬自己，走入来世。他们确信他们拥有的一切贵重物品，包括：奴隶、狗、猫等，和他们一起被埋葬并永存了。事实上，这不过就是开了个玩笑而已。任何物质都无法永存。只有心灵的纽带和你给予别人的爱才能带来你所追求的不朽与永恒。

第三种是独立成就型。独立思考和行动的成就是每个人关键的内在动力之一。不要告诉我应该做什么，不要告诉我必须改变，不要告诉我被解雇了。不要告诉我，我必须这么做，没有人能够操控我的生活。我希望做我自己，想我所想，做我所做，选我所选。我希望单独行动，在生活中发挥自己的作用。我向往成为胜利者，而不是受害者。我想通过选择的自由战胜我的宿命，成为胜利者。我想成为一个独立思考、独立行动的人，把自己带到想去的地方。我讨厌别人告诉我该怎么做。

第四种是同龄身份型。重申一遍，我们都想属于某一个群体，不想出局。最糟糕的事情之一就是不被认可。如果你在高中的高年级转学，你的确很难融入新学校，因为这个群体已经成熟，学生们已经建成了各自的小圈子。

我们寻求同龄人的认可和身份认同。我们希望他人认可我们，喜欢我们，这就是我们加入各种帮派团体的原因：因为我们有归属感，尽管这可能是错误的。加入帮派团体并不能改善我们的生活，但和认可我们的人在一起，会让我们感觉更好。

第五种是竞争力型。我们都不难想象电视节目《创智赢家》在美国的受欢迎程度。在这个节目中，拥有潜力的企业家们通过相互角逐获得成功人士提供的创业资金。这是一种外在的动力，因为参赛者要为他们的产品和服务争取资金。

这些拥有潜力的企业家试图通过这种方式展示他们的项目，以此获得专家组成员的认可。

竞争与第一名有关，但这只是《创智赢家》的一部分。有些参赛者一分钱也拿不到，有些则拿到很多钱。竞争力意味着当你骑在旋转木马上的时候，你想抓住金戒指。当我们过去骑旋转木马时，抓住金戒指并被大喇叭告知“抓住金戒指，你就可以免费再坐一次”真的很重要，因为我们一直认为需要和其他孩子竞争。

换句话说，竞争驱动社会发展。我们谈论“适者生存”，但事实是“智者生存”。具有竞争力意味着与卓越的标准进行对比，如果你想保持质量和价格方面具有竞争力，那么竞争力就是好的动力。但当竞争力意味着不惜一切代价证明自己比别人重要，做第一名对你来说凌驾于一切之上，你无法接受成为第二名的时候，竞争力可能对你不利。

再次以奥运比赛为案例。运动员应该在比赛中付出全力争取最好的成绩。只要尽了最大的努力，或者成绩比以往好，就应该感到满意，而不是因为打败某人才可以证明自己更强，其他选手更弱。这不是一个比他人更强的问题，而是做最好的自己的问题。

竞争在某些情况下很有效，比如：销售竞赛，胜出者获得旅行奖励，其他人没有奖励。我知道有一家公司，成绩跻身前十的员工会得到奖励。但如果你位列倒数五名的行列，你就要接受惩罚。因为害怕被惩罚，员工就会更加努力。但如果你可以为自己毕生的追求而竞争会更好。

第六种是追求卓越型，这是最重要的一种类型。我觉得做好一件事是值得的，这是一种纯粹的兴奋感。追求卓越是一种内在的，基于情感和激情的价值体系。它推动着人们走向成功，而无须公众关注和他人称赞。世界上很多优秀的人从未在媒体报道上出现过，从未上过电视，从未赢得肯塔基德比[①]，从未获得过奥运金牌，从未因不可思议的生活经历

① 肯塔基德比是每年于美国肯塔基州路易斯维尔丘吉尔园马场举行的赛马比赛。——编者注

而被他人关注过。

我的祖母就是一个很好的例子。她喜欢种美丽的英国玫瑰。她有一个玫瑰花园，玫瑰散发着迷人的芳香。她热爱那些玫瑰花，像照顾自己的孩子一样照顾着这些花朵，她让这些花朵保持着近乎完美的状态。她是一个追求卓越的玫瑰花园丁，但她从未参加过一次玫瑰花种植比赛，也从未因种植了最好的玫瑰而获得奖赏。

假设你喜欢弹钢琴，而且弹钢琴对你来说真的非常重要。因为热爱弹钢琴，你产生了追求卓越的欲望。最终，你花了很长时间练习演奏一首难度很高的曲子。终于有一天，你把这首曲子弹得美妙动听又完美，但你只有一个听众，那个听众就是你自己。

很多在生活中都非常成功的人从未受到过别人的关注，但他们改变了很多人的生活。当伊莱亚斯·豪（Elias Howe）发明缝纫机时，人们说："如果不再手工缝纫，我们如何打发时间?"后来，这个发明家成了穷光蛋，他从未因这项发明而赚到任何钱或者受到任何关注，历史上还有很多类似事件。很多伟大的艺术家作画，纯粹是为了满足自己的兴奋感，他们没有因此获得收入或者认可。一位著名的法国评论家对伦勃朗（Rembrandt）说："显然，你在自娱自乐。"伦勃朗说："是的，如果什么时候绘画不再让我感到愉悦，我就不再画了。"

我认为对卓越的追求所产生的内在动力促使许多孩子在学校取得了好成绩。但是他们只是为了得高分，得到毕业证书，进最好的学校，或者为了取悦父母等。孩子们努力学习应该是因为他们喜欢学习，想把事情做得更好。

做过伟大之事的人之所以做这件事情，是因为他们被内在的东西所驱动。我敢保证，比尔·盖茨在大一时就开始参与交通数据软件解决方案的工作，当时他从来没想过自己会成为世界上最富有的人之一。当史蒂文·斯皮尔伯格偷偷溜进影楼，带着他的小相机，假装自己是制片人兼导演时，他也没想到自己会成为有史以来最好的制片人，并因此获得财富，他这么做是因为内在激情的驱使。

我认为这种追求卓越的内在动力是我所认识的成功人士的第一动力。他们中很多人已经赚了很多钱，但他们不是为了赚钱而做这些事情，钱只是衍生物。他们做得如此出色，他们如此被需要，如此被期待，才因此收获了丰厚的回报，但这不是他们的本意。他们的目的是通过自身的独立行动去追求卓越、追求成就。

尽管我们受到这些因素的激励，但内在的激励因素对我来说是最重要的。希望每个人能够把这些内在的激励传递给孩子们。如果你想要活出自己，为什么不在你喜欢的事情上尽你所能做到最好，哪怕仅仅是为了让自己感觉良好呢？

既然我们朝着我们认为最重要的主导思想前进，就要让主导思想变成可期待的结果，而不是失败的惩罚。成为我们想成为的人，而不是努力不要成为我们不想成为的人。这些主导思想中还包括我们的健康、我们的形象和我们的表现，让我们把注意力集中在想去的方向。

忘记失败的后果。失败只是一个事件，不代表我们现在的样子。我参加过一次节目，一位年轻的女士站起来说："看看你，你很成功，有很多钱，很完美，每件事都做得很好。你再看看我！"

我说："你很漂亮，大概二十几岁，穿着得体。有什么问题吗？"

"我丈夫和我离婚了，因为我生了女儿而不是儿子。我现在和母亲住在一起，但她并不愿意和我一起生活。我不想做单亲妈妈。我的生活真是一团糟，我是一个失败者。"

"你正在办离婚吗？"我问。

"不，那是两年前的事儿了。"她说。

"离婚是一件事，"我说，"失败也是一件事，但不是你永远要做的事儿。事情发生了，你从中汲取了教训，然后继续向前。如果你'躺'在失败里，失败就会变成粪便；但如果你把失败当作肥料，就会变成一个有智慧的人。"我问她："如果我告诉你，我也是一个经历过失败婚姻的人，你会怎么想？"

"真不敢相信，你为什么会离婚？"她说。

“因为我犯了一个错误。我没有忠实于我的信仰体系。我选择了另外一条路。我有我的弱点，我不是完美的人。我会失败，并且经常失败，但我不是一个失败的人，因为失败是一件事。请把失败当作一种学习体验、一个暂时的困难和一个必要的目标校正。事情已经发生了，除非这件事一直在困扰着你，否则你就要把它留在过去。”

还有一点：忘记完美。在我把《成功心理学》交给出版商之前，这本书的手稿已经在抽屉里存放了两年的时间。你知道为什么吗？因为我认为写得还不够好，不能出版。手稿似乎在不停地问我：“为什么我要待在抽屉里？”

“因为你还不够好。”

手稿说：“不，不，丹尼斯·韦特利，我就是我，我是你的作品。我是手稿，而你是作者。你配不上作家这个称呼，是因为这本书不够完美，不能出版。”

大多数人从不会出版图书，因为它不够完美，但书不是毕加索。书就像一栋房子里的一个房间，你需要把它粉刷一新。你要刷涂料，把涂料搅匀，你要尽力不让涂料溅到天花板或灯具上，并且尽你所能好好粉刷这个房间。生活并不意味着要成为毕加索，生活充斥着尝试和错误。你写另外一本书，可能会比第一本写得好，但别期望它会完美。只有圣人是完美的，我们不是圣人，我们注定是有缺陷和瑕疵的人。我们注定是不完美的、变化中的、成长中的人。

完美是拖延症患者的最佳藏身处。

拖延是对成功的恐惧，也是对失败的恐惧。我们推延是因为我们觉得自己还没有准备好或者还不够完美，不足以成为我们想成为的人。但无论如何，我们应该继续去做，这就是为什么人们说："活出你的精彩！走你的路，让别人去说吧！"成功者马上去做的是他们并不擅长的事情，他们冒着成为别人眼中傻瓜的风险。但我们要知道，运动会冠军中，没有哪个人最初不是初学者。当你开始任何创新的时候，你会显得很笨拙，做得也不好。这时候，大多数人选择放弃是因为他们正在做的事情不够完美，但这却是每一位奥运选手正在做的。他们把自己擅长的东西拿出来，然后找个教练和角色模范，他们经常刻苦训练并犯错。他们不会因为跌倒而止步不前；相反，他们会愈挫愈勇，并询问教练如何在下次做得更好。

请不要做一个完美主义者，因为那是拖延症患者最喜欢的藏身处。完美让你活在"未来岛"上，只有在未来才是安全的。你永远无法到达那里，因为当一切都变得完美的时候，你还没有准备好或者还没有资格生活在那个叫"未来"的幻想岛。

第七章

制胜的思想及身体：信仰和乐观的力量

信仰和乐观的力量

我过去师从塞缪尔·早川（S. I. Hayakawa）教授，他曾致力于研究自证预言，甚至可能是这一概念的创造者。自证预言的说法不一定是对或错的，但当我们相信了，就会预言成真。财富是自我实现的。期望是最重要的，因为期望驱动动机。期望还可以改变我们大脑中的生物化学反应，帮助我们实现自我。我一贯主张要谨慎对待你期望的，或者谈论的，或者沉湎其中的事情，因为你的大脑会认为这些对你很重要。

记住这句评论：“别考虑红色法拉利，红色法拉利不是你想要的。”它就像是一首你想摆脱的回荡在脑海里的歌曲。我们都遇到过这种情况：我们越不想听某一首歌曲，它越是萦绕耳畔，挥之不去。同样地，我们处于我们大部分时间所沉湎的状态，无论是积极的还是消极的。

改变一种信仰体系是非常困难的事情。世界上最困难的事情之一就是改变信仰方式，特别是关乎政治、宗教、家庭以及身份这些方面。人们说：“我就是这样。我生来如此，注定如此。”或者“我相信这一信仰。我相信这是唯一的方法。”当我们相信方法是唯一的，就会陷入困境：我们相信自己拥有的是唯一正确的信仰，而其他人的信仰是错误的。这就是我们所说的盲目信仰，也就是说，如果我们极度相信某些东西，就会去排挤任何可能干扰或与之相反的东西。因此，你只能听你听到的声音，而听不到其他声音。这种情况在政治斗争中最常见，因为一旦你决定站在哪个政党一边，你就只会倾听这一政党的声音。

在医学上，有一个安慰剂效应的概念。这一概念直白地说明了信仰的力量以及保持乐观和关注健康而不是关注疾病为何如此重要。安慰剂效应来自拉丁语placebo，意思是“我将受到安慰”。Placebo意为“我应该让你满意，如果你想到我，我就应该给你一个满意的结果。”科学家们用安慰剂进行盲测研究，因为安慰剂是一种添加物，它们不会造成任何伤害，也没有任何疗效，所以它们非常适合测试药物的功效。在我们给人们提供安慰剂的时候，他们不知道这是安慰剂，他们认为自己收到的是真正的药物。他们相信这些药物可以帮助他们治疗，这种信念帮助他们释放出需要治愈疾病的化学物质。安慰剂之所以如此重要，是因为我们必须将这种不可思议的精神力量与药物的实际疗效区分开。

过去人们常说安慰剂效应是积极思考和祈祷的力量，但事实证明，安慰剂作用非常强大，因此我们不得不将其纳入医学研究范畴。哈佛医学院甚至专门建立了一个研究安慰剂的项目。

《星期六评论》(*Saturday Review*)杂志主编诺曼·卡森斯(Norman Cousins)曾经出版过一本闻名遐迩的书——《笑是治病的良药》(*Anatomy of an Illness*)。虽然当时他身患重病，但他通过看动画片和滑稽电影缓解疼痛。他用笑的方法让自己重拾健康，因为笑可以让大脑释放内啡肽，身体释放肾上腺素，这些化学物质可以帮助我们治愈身体疾病。

大脑真是不可思议。当你触摸它时，没有任何感觉，因此，当给大脑做手术时，可以用一根非常细小的丝，在不伤害大脑的情况下戳动大脑，接受手术者会获得视觉、味觉、嗅觉和情感反应。

当你触摸大脑的某个特定部位时，主体能够闻到烤面包的香味儿。当你触摸大脑的另一个部位时，主体可以在视觉上回忆过去发生过的事情。大脑把一切经历作为事实存储起来，然后释放出支持主导思想的化学物质。

安慰剂效应如此有效，以至于医学上出现了一种新型膝关节手术法，这种方法被称为“安慰剂手术法”。手术时，你需要假装给要做关节镜手术的病人做手术。但医生实际上只是在皮肤上做了一个小切口，让手术器械叮当作响，好像真的在给病人做手术一样，之后再把切口缝合。受试者不知道自己是否真的做了膝关节手术或者安慰剂手术，但事实上，那些只接受了安慰剂手术的人，膝关节疾病的改善率相当高。此外，这些病人的医生对他们说：“虽然你不应该知道，但我们给你做了真正的手术，而不是安慰剂手术。”病人说：“哦，这太好了，你是说我的膝关节真的治好了？”他们得到了额外的来自医生的正强化。

我们强烈地相信正在发生的事情，这种感觉可能对我们产生有利的或不利的影响。人们常常产生预感：“我感觉我要被解雇了”“我感觉我会对此感到不舒服”，这是有原因的。大脑正准备通知你事情进展得不顺利。预感的力量如此强大，以至于病人几乎会被他们的信仰体系吓死。

这是一个真实的故事。有个男人在晚上被意外地锁在一个空的厢式车里。车里通风良好，当时又是春天，气温只有68华氏度（约20摄氏度），但他坚信自己被锁在一个冷藏车里，所以他认为自己会被冻死。他开始担忧和恐慌，他的原话是“车里越来越冷了，我感到呼吸困难，如果没人来救我，我就活不了多久了。”接着，他开始颤抖，身体对他的信念做出了回应。第二天早上，当他被发现时，医生说他坚信自己就要被冻死了，因此，他令他的身体遵从了这个主导思想。这是极端消极的思想。

算命先生可能会跟你说：“我看你手上的那条生命线很短。”对别人说这样的话是非常危险的。另外一种危险是对别人说：“知道吗，你长大了和你爸爸一样，还记得他是个花心的男人吗，他抽了多少烟，喝了多少酒。”

如果你接受安慰剂效应的负面影响，那么它就会变成自证预言。大脑会努力取悦你，尽管它给了一个让你害怕的结果。你会把不想要的东西付诸行动。这就是为什么你务必谨言慎行，不要随便和别人讨论你的健康。

医学几经证实了我在20世纪70年代见证或凭直觉认识到的成功心理学。对大脑激素的研究已经支持并发展了身心连接具有强大力量的观点。举个例子，我们的大脑会产生一种天然物质内啡肽，内啡肽就是人体内的“天然吗啡”。如果你在生活中做出积极的选择，比如：锻炼身体、听音乐或者积极思考，你的大脑就会分泌内啡肽，它的功效比吗啡更强大。萨尔克生物研究所曾经给受智齿困扰的患者和正在分娩的女性注射内啡肽，因为内啡肽和吗啡的作用是相同的，都能帮助人们缓解疼痛。

研究人员也使用过安慰剂效应。他们给一部分病人注射了内啡肽，给另一部分病人注射了安慰剂。后者相信他们是服用了止痛片的那批人。在这种情况下，患者自身产生了内啡肽。于是你不仅拥有一个“内部药房”，还有一个“外部药房”。但记住，无须药物就达到自然快感唯一的“副作用”就是幸福和快乐。

乐观是我们在生活各个方面中最有用的品质，不仅在我们的身心中，而且在我们个人成就和取得的成果中。很多人嘲笑乐观主义者是盲目乐观，我想说的是，乐观主义是这个世界上最被需要的品质。毕竟，每个领导者都告诉他的追随者们，他们希望成功。领导者着眼于最终的胜利，赢得战争，获得奖金，渡过难关。鼓舞人心的领导者不仅能够取得更大的成就，还能收获忠实的追随者。乐观是一种生理需求，人们相信自己会继续活下去。你必须把保持健康和活下去作为你的首要任务，这也是为什么未来属于乐观主义者。

这一事实为那些勇敢和有准备的领导者提供了一个机会，让他们挺身而出解决问题，而不是屈服。战争因战斗者相信自己不会赢而失败，他们坚信不利于获胜的概率无比大，因此没有赢的可能性。

人群簇拥在胜利者的更衣室周围，先是采访他们，接着勉为其难地带着同情心去采访失败者。失败者神情沮丧，直视前方说："他们打败了我们"或者"他们比我们表现好"或者"我们那天状态不好"。当你悲观失望时，房间里就会充满阴暗的气氛；然而，胜利者的周围往往会环绕着一股乐观向上的力量。乐观主义者总是希望用想象力解决问题，而不是用消极的不祥预感制造更多的障碍。

我们很容易脱口而出悲观的话，如果你粗心大意，就会和以前一样，只输不赢。在我曾经执教过的一支球队里，就遇到过这种情况。媒体说，我们的球队进攻的时候就像在防守，防守就像根本不在场。他们预测，我们的球队会失分且惨败。

我用实际行动推翻了媒体的观点。赛前，我走进更衣室对球员说："等等，你们今天的对手不是州冠军球队，而是一支输掉四场比赛的球队。那么，确保今天打赢这场比赛。”我告诉他们会赢12分。他们把我这番鼓舞士气的讲话作为自证预言，他们在比赛中获得2分触地得分，2分加分，最后以14：0结束了比赛。不经意间，四分卫在最后一场比赛中四处奔跑并在自己的禁区内遭到拦截，因此这场比赛最后比分为14：2。

球队实现了那天的预言，但接下来的一星期，他们和州冠军对阵，最终被击败。他们说：“丹尼斯·韦特利，乐观主义行不通。”我说：“不，如果你只在一场比赛中使用，它就会只发挥一次作用。但如果你每天都把乐观当作一种生活方式，它就会深深地植根于你的身心，你就会成为一个以解决问题为导向的人，而不是一个以问题为导向的人。”

有一种说法是习得性无助。如同后天乐观主义，习得性无助是一种后天习得的行为，经过一段时间后就会形成一种习惯。我们受困于后天学习，不管是好还是坏。赫伯特·本森（Herbert Benson）的《心灵效应》（*The Mind/Body Effect*）是一本值得一读的好书，是关于身心关系的经典著作，还有一本书是社会研究者马丁·塞利格曼（Martin Seligman）的《学习乐观》（*Learned Optimism*）。这两本书都非常棒，都对这种现象进行了正面和负面的讨论。

朋友家的斗牛犬是习得性无助的典型描述。斯派克是一只很棒的斗牛犬，但它总是流口水，还喜欢跳到人的身上。当有客人来的时候，它总是弄得一团糟。

斯派克非常强壮而且固执己见，还不喜欢洗澡。于是，主人不得不穿上泳衣，把它带到后院并把它拴在一根金属杆上。斯派克会用下巴靠着杆子，不管它怎么用力拉拽也无法挣脱。最后，它呜咽着，只能顺从地洗澡（尽管主人和它一样，一身肥皂泡，浑身湿透）。

过了一段时间，斯派克相信了它无法从铁链拴住的东西上逃脱，因为在它看来，一切都和那根金属杆一样。主人把它带回房间，把皮绳拴在椅子腿上。当客人来的时候，他们会说："哦，天啊，是斯派克，它又来了。"但事实上，斯派克没有过来，因为它认为自己过不来，它已经学会了习得性无助。它领悟到自己无法挣脱拴住自己的锁链。它尝试了很多次，也失败了很多次，最终它接受了自己被拴在椅子上的事实，尽管它本可以轻松快活地在屋子里转来转去。

我的一生中，多次遇到一点儿小困难最后变成一道不可逾越的鸿沟的事件。习得性无助变成了无形的电网。如果发现实现目标令你无比痛苦，你就不会再次尝试。

与此截然相反的是后天习得的乐观主义。如果最初你不是乐观主义者也没关系，也许你的性格是有点内省的或拘束的，也许你在一个安全意识过度的家庭里长大，也许你拥有的是令人窒息的爱。窒息的爱是指当你被过度呵护时，身心会感到不适。最好的解决方法是与父母保持合理的距离。但是，即使认为自己不是天生就能看到“还剩半杯水”的人，也可以学会乐观主义。

关于习得性乐观主义的例子，可以参考海洋世界的海豚。我不喜欢动物园，因为可以说这里的动物是终身囚犯：它们被关在监狱里没有任何假释的可能性，然而人类训练它们表演，用滑稽可笑的动作取悦人类。尽管如此，看着一只海豚精准地跃到12英尺（1英尺=0.3048米）的高空，仍是令人叹为观止的一幕。

驯兽师们通常用奖励代替惩罚。每当海豚越过池底的绳子，驯兽师都会奖励它一条鲭鱼。然后，他们再把绳子升高3英尺，接近于水池中间水位的高度。当海豚跳起来时，驯兽师会给它两条鲭鱼。海豚意识道：“哇，跳过这个高度能得到两条鲭鱼。”它们最终变得更加贪心，当看到三条鲭鱼，或许还有一条黄鳍金枪鱼时，它们想：“如果我们完成这个表演，就能得到这些奖励。”接下来你会发现，即便你在水池上方放上12英尺高的绳子，海豚也会为了奖励而轻松跳过这个几乎不可能逾越的障碍，因为它们已经对习得性乐观主义形成条件反射。

在动物训练中，不仅是给它们吃吃喝喝。大家都知道，狗喜欢被抚摸、拍打，表扬它是个好孩子。通过取悦主人，获得主人的认可，狗可以得到比食物更多的奖励。

因此，如果想训练一个人成为真正的顶级高手，你就要对他们的努力给予奖励。远离苛责，摒弃坏脾气。

几乎每项运动我都和一些最出色的教练合作过，我想起我的好朋友，加州大学洛杉矶分校的资深篮球教练约翰·伍登，或者美国职业橄榄球大联盟球队迈阿密海豚队原主教练唐·舒拉（Don Shula）——20世纪70年代超级碗冠军队伍教练。我想起美国职业篮球联赛（NBA）芝加哥公牛队的菲尔·杰克逊（Phil Jackson），后来他加入了洛杉矶湖人队。当想起所有这些让我真心敬佩的优秀教练时，我看到的是以乐观主义为导向传授基础知识的一群人。

恐惧传递的是错误的信息。你当然需要纪律，当然拥有情感。如果你表现不好，就会受到批评，遭到体罚，甚至可能被打屁股。失败的时候，你会感到羞辱、丢脸。只有表现出色时，你才能得到奖励。这很难让人感到快乐，这种做法制造出巨大的压力，不会产生乐观主义和团队协作。这不是领导团队的好方法，而是让他们活在战斗和危险中。当我危在旦夕时，我会谨小慎微；但当我想成功时，我希望激励我的是欲望而不是恐惧。

驾驭积极的自我期望

我将指出八条具体的积极理念，任何人都可以将这些理念运用在身体、心理、情感和精神上，从而驾驭积极的自我期望的力量。

第一，学会倾听你身体的声音。身体是你拥有的最好的反馈机制之一。你真的有第六感，当你感觉不对劲或看起来不对劲的时候，身体会使你产生心神不定、不舒服、紧张或出汗的感觉。第六感通常是很准的，你的身体会给予你暗示。

当你情绪低落时，不要烦恼，开始行动。当你感到沮丧，可能需要一些外部刺激去摆脱烦恼。你需要鼓舞人心、乐观向上的音乐，你需要走出去欣赏大自然，你需要观看孩子们嬉戏打闹。你的身体是一个很好的反馈装置，它会显示你为什么会有这样的感觉，以及你如何获得更多的灵感。

第二，活在当下。如果稍不留神，你的生活就会出现两个可怕的日子：昨天和明天。一个可怕的日子是活在消极的、你无能为力的过去。因为我们无法挽回昨天，所以束手无策，担心自己做了什么或者没做什么，本应该做什么，本可以做什么，本可以做却没做的，应该做却没做的，假如我没做，假如我做了，以及我为什么没做。

明天对你来说是另一个可怕的日子，因为你还没有经历。尽管它在该来的时候自然会到来，但这一天还没有到来。这一天或是阳光明媚，或是阴雨连绵。你无法控制明天，只能控制此时此刻。你唯一可控的是这一刻，过去已经成为过去，成为历史，未来只是一个承诺。明天不是一张付讫支票，而是一张期票。只有当下这一刻才是你手里的现金。

真正的赢家活在当下，而不是为了当下而活。他们不是为了寻求一时的掌声和一时的好感觉。他们之所以活着是因为当下是他们活着的时刻，也是他们可以控制的时刻。这就是为什么那些专注于此刻正在做的事情而不是畅想未来或回顾过去的人才是最成功的。

第三，抵御愤怒和复仇的诱惑。我不怨恨任何人和任何事。我没有要报复的人，也没有要诅咒的人。今天的美国如此的两极分化，这是多么不幸的事情啊！我们痛恨别人只是为了证明我们多么讨厌他们，而不是寻找他们可以提供的有用的东西。我指的不只是政治人物，而是所有你鄙视的人。

唯一获得正义的积极途径是成功，因为成功里根本不存在复仇这回事。成功里也不存在算账这回事。如果你的情绪时时刻刻都用于和别人算账，以牙还牙，以毒攻毒，你将耗尽生命的全部能量。

不管你经历过什么，不管别人对你做过什么，也不管别人如何利用过你，你都应该毫不犹豫地前进和实现成功。这样做的结果是，人们甚至会停下来思考，他们可能错误地对待了你。因为他们发现你进步了，成功了，成了你要成为的人，尽管他们希望你一直原地不动。按你自己的方式走向成功是唯一合情合理的复仇方式。

不要有负面情绪，因为那是消耗情绪和能量的最糟糕的一种方式。变得恶毒、愤怒，憎恨他人，向他人复仇是最可怕的生活方式。我为那些希望别人遭殃的人感到难过。

第四，学会脱掉审判的外衣。你不是法官，也不是陪审团。你有自己的看法，有自己的信仰体系，有自己的经验，但你不能用唯一真理的角度去评判别人。你有自己的真理，有很多美好的信念，但也会有很多不正确的信念。因此，不要评判别人，给别人留有余地。

你不必相信别人相信的，不必改变自己的信仰体系，不必改变自己的信仰，不必为了被认可而成为反对派的一员。你可以为人们的信仰与你不同这一事实腾出空间。做一个包容的人，接受他人与你不同，并为他们与你的差异和多样化的经历感到高兴。与其怀疑和排斥他人，不如选一个你舒适区外的朋友，结交一些和你有着不同政治信仰的朋友。

我就有几个和我完全不同的朋友。他们总是对我说教，因为他们认为，正是因为他们的夸夸其谈和狂妄言论，才收获了一批愿意改变信仰的追随者。我认真倾听，然后我说："你完全有权利以你自己的方式去感受和相信。只是恰恰我的信仰和你不同，我相信你会明白这个道理：我有按自己方式思考的自由。”

我不必用消极的方式和他们争论，我不必生气，我只是给别人的信仰留出空间。无论走到地球上的哪个角落，我都会为不同的文化保留空间，不管这种文化有多么不同，或者看起来多么另类，不管他们吃什么，怎么吃，有什么样的偏见，认为哪些数字代表霉运。

美国人不喜欢数字13，这就是所谓的“十三恐惧症”：对数字13有一种不理性的恐惧。基于我们的信仰体系，我们有很多恐惧症，其他文化也是如此。我们要为这些不同保留空间。你可能认为这是偏见，但这的确是一种信仰体系，他们相信的和你相信的一样有效。因此，我会聆听，敞开心扉，保留空间，我理解他们，但我不信他们的信仰。他们改变不了我，但我会考虑他们的观点。如果这些听起来真的比我的好，如果他们是好的角色模范，他们的人生向我展示了他们真正值得仿效的行为举止，那么，我可能会逐渐改变我的信仰，尝试接受他们的信仰。

第五，乐观与务实并存。直升机真的能飞吗？在设计出直升机之前人们认为这是不可能的。然而，列奥纳多·达·芬奇（Leonardo Davinci）认为在未来的某个时刻，人们可能会造出直升机，尽管伊戈尔·西科斯基（Igor Sikorsky）在几个世纪后才真正让直升机飞上天。

悲观主义不能指出问题的解决方案，他们只专注于为什么有些事情做不到。如果爱迪生在经历无数次失败的尝试后，还是没发明电灯泡，会怎么样？如果乔纳森·索尔克对脊髓灰质炎持悲观而不是乐观态度，如果他认为无法研制出解决小儿麻痹的疫苗，会怎么样？他曾经对我说："丹尼斯·韦特利，我做了这么多试验都没能找到解决方案，真是让人沮丧。但从另一个角度看，我排除了那些无效的东西，不必再用它们反复试验了。我可以开始全新的尝试了。"

失败只是一种学习经历。乐观主义就是现实主义，因为对于我们所面临的每一个问题，我们和宇宙本身都有一个内在的、自然的解决方案。我们必须坚持这种现实主义，相信无论现在多么糟糕，总会找到答案。如果我们不相信，我们就无法活得长久。

第六，抵制浪费时间的解读和观看他人悲剧细节的诱惑。

很多朋友曾经批评我说："你是说你真的看了《沉默的羔羊》(*Silence of the Lambs*)，还有《角斗士》(*Gladiator*)吗？里面充满了暴力镜头。"

"我在影片里寻找一线希望，"我说，"它在某种程度上有所呈现，但不是以我期望的方式出现。"

我更喜欢幸福、快乐的结局。这就是为什么《音乐之声》(*The Sound of Music*)是我最喜欢的电影之一，《阿甘正传》(*Forrest Gump*)也不错。我喜欢以皆大欢喜为结局的电影，不喜欢看那些令人不快的电影。因为当你走出电影院后，它们仍然会令你对人性满怀失望。

为什么我们如此着迷于人性中最糟粕的东西？

因为，这就像飞蛾扑火。我们停车驻足，扭头观看意外事故，寻找公路杀戮，我们不希望看到，又想看到悲剧发生，我们很窃喜自己没有陷入他人的窘境。

我们把名人放在受人敬仰的位置上，同时又热衷于旁观他们跌下神坛的事实，比如：离婚和丑闻。据此，我们会说："我很喜欢他们，但他们没比我强多少，他们也是普通人。"

大多数人喜欢看男女主人公的悲惨经历，但我更想找到角色模范。我希望有人经历过我正在经历的事情，而且做得和我一样出色或做得比我还好。我希望和更优秀的高尔夫选手一起打球，因为这样我就能学到怎样可以打得更好；我不希望和比我差的选手一起打球，我觉得他们不如我。我希望自己的能力不断提升，这就是为什么我只看鼓舞人心和令人振奋的电视节目。

我会看国家地理野生频道的节目、史密森学会节目和探索频道的节目。我很少看娱乐节目，我常看体育节目。我必须承认我看过一些有点暴力的节目，是足球比赛。我不看《星期五之夜摔跤》（*Friday Night SmackDown*）节目，我也不怎么看摔跤类和笼中格斗类节目，这是因为这种节目会让我想起古罗马帝国。

不幸的是，我们需要角斗士，需要看到一些发自内心的刺激的东西吓唬自己，让自己感到不适，以此激励我们获得灵感。我们被震惊所刺激，希望虚拟现实中情况不会变得更糟，虚拟现实中的我们可以进入一个充满所有骇人听闻事件的虚拟世界。如果我们稍有不慎，虚拟就会变成现实，因为它很难与你每天看到的和观察到的东西有所不同。

第七，在车里听些鼓舞人心的音乐或有指导性的音频资料。你的车是一所流动的大学。当然，我不建议你坐在车里冥想，也不鼓励任何可能引起公路催眠事故的东西。但我擅长在锻炼的时候一心多用，听欢快的音乐或一些指导性内容。我在做家务、洗衣服、洗车、走路时，都会戴耳机听一些能激励我、引领我，让我变得更好的东西。这种一举两得的方式是非常好的生活方式。不只在做运动时，其他时间也可以一心多用而不是让自己静止不动。我会在机场和飞机上听音频资料，在任何不需要动脑思考的时候，我都会这样做。

音乐疗法已经广泛应用于中风的治疗。假设你左脑中风不能讲话了，但你的听觉更多受右脑控制，因此，当你在听喜欢的歌曲时，即便你不能和探望你的亲戚说话，你也能哼唱这首歌。

第八，要对自己高标准、严要求。人们会对我说："丹尼斯·韦特利，你是个盲目乐观的人。"然而我不是。我曾经是一名飞行员，有过很多经历和尝试，我失去过很多被航母击落的朋友。我执行过很多飞行任务，对自己高标准、严要求，因为我不局限于外在物质的追求。我不会因兴奋而醉酒，不会为消愁而抽烟。如果真的感到难受，我偶尔会吃一片止痛片。

我的朋友们说："我们知道你在服内啡肽，你从哪儿弄到的？"

我会告诉他们："在听音乐、跑步的时候，大脑就会释放内啡肽。你会因为大脑释放多巴胺和内啡肽而感到兴奋。"

积极的期望唯一的"副作用"就是产生快乐，但是消极的期望会带给你很多副作用。一定要保持乐观，而不要因所见、所闻、所思和所感令自己沮丧、消沉。

第八章

成功者的虚拟世界：想象力如何控制未来

正如我提到的，爱因斯坦认为想象力比知识更重要。在数字化世界的今天也是如此，无限的知识就在我们的指尖。毕竟，人类创造的一切首先都是一种思想。为了创造一种新产品，我们不得不思考创造它的可能性。谁会想到5G、可穿戴设备会被创造出来；谁会想到，即便没有智能手机，我们也能利用想象力创造出打开车门或车库门的设备。谁会想到这些东西会被一一创造出来。

想象力的意义

人类拥有想象力，但是人们被已经掌握的知识所束缚，有些知识甚至是错误的。地球是椭圆球体，但很长一段时间以来，人们都认为它是平的。然而，当知识通过想象力，从不同角度看问题的人那里得到扩展时，人类就开始了创造和创新。

事实上，数字化世界是一个由想象力接管并实际创造出了我们始料未及的事物的好例子。未来的人们会对现在的我们说："你是说你过去常去一个可以学习的地方吗？真有趣，你是说在一栋大楼里面吗？"

"是的，那栋大楼叫学校。学校里面有图书馆和自助餐厅。你想不到那时是什么样子。”

“你是说你以前开车？真是太无聊了！你是说你开吗？汽车是氢气驱动，电池驱动，还是太阳能驱动的？”

“是的，我开车，但我们用一种叫汽油的东西，是从石油中提炼出来的。”

“哦，让我想想，你是说你们以前烧煤？那时候完全没有太阳能电池吗？”

“是的，我们当时不知道如何进一步提高效率。”

“哦，天啊，回到‘恐龙时代’生活会是多么美好的时光啊！”

想象力控制着世界，因为它囊括了一切有待发现的东西，并提供了未来的事情变得更好的可能性。

曾经有人问我如何定义创造力。对我来说，创造力和创新有些不同。创新是把现存的东西拿来改造。创造力是一种超乎寻常的能力，你需要创造一件之前从未存在过的东西，完全是凭借想象力创造出来的。

在美国，人们很有创意，不像其他国家那样遵守纪律，受到严格管控并拥有集体意识，人们更注重个人主义。人们脱离控制，但这让他们相信，自己能够独立创造一些之前从来没有过的东西，因为人们相信自己有那种力量。

有创造力的人不同于我认识的一些有组织意识的人们。在某些方面，他们和那些特别专注的人也有所不同。他们极度痴迷于自己的想象力，以至于有点放任自流。他们可能没有整洁的桌面，一切都乱七八糟，在别人看来是一团糟，但他们的思想不是凌乱分散的，因此，他们相信一切皆有可能。

在很多时候，有创造力的人有点儿孩子气。他们会说："等我长大了，我要当科学家、消防员，或者成为整个地球的总统。"当你还是个孩子的时候，老师问的每一个问题你都会举手回答，因为是对是错都无所谓。你没有按照老师或书本上的说法寻找正确的答案。你对能够做出回应感到异常兴奋，因此你才会想什么就说什么。

有创造力的人会使一切跃然纸上。他们不是在寻找完美，也不是在寻找近乎完美的解决方案，他们只是在寻找"如果怎样，将会怎样？"的全新方式来看待事物。一方面，我看到人们正在用创造力解决问题；另一方面，我还看到人们创造某些东西，只是为了与众不同，他们想让自己的想象力和自己齐头并进。

华特·迪士尼（Walt Disney）就是个例子。我不认为他是真的要解决关于米老鼠、米妮、高飞和唐老鸭的问题。我认为他是在努力想办法让幽默和创造力成为人们可以体验和享受的东西，于是他创造了一条通往幸福快乐的迪士尼之路。我认为这是一个创造性思维的角色模范。

或许，想象力最具创造性的运用方法是有意识地运用可视化，这是我在整个职业生涯中经常提到的一种能力和技巧。

我第一次体验到可视化的力量是在艰苦的童年。我12岁的时候，爸爸离家。那时，“二战”刚刚结束，对我们来说，一切都不太顺利。我母亲很消极，一切都处于消极的状态。我不知道生活会变成什么样子，但我拥有梦想。

我梦想着站在一个大厅里，天花板上挂着大吊灯，大厅里坐满了人。我不确定自己在里面是演戏、唱歌、跳舞还是演奏乐器，但我就站在这样一座宏伟的大厅里表演。我的母亲、父亲、外祖母坐在前排。有生以来第一次，我摆脱了不完美孩子的标签，见证了自己，尽管母亲一直认为我会变成和父亲一样的人。相反，大厅里所有的人都站起来为我的表演鼓掌。让我高兴的是，我的父母也站了起来，他们也在为我鼓掌。一直鼓励我的外祖母只是笑着向我点头，好像在说：“我知道这就是你未来的样子。”最后，母亲看着我说：“我对你很满意。”然后，我记得自己一遍遍地自言自语：“我这样行吗，妈妈？我是好孩子吗，妈妈？我不会和爸爸一样吧，妈妈？在你看来，我的表现足以让你爱我吗，妈妈？”小时候，我一次又一次地做着那个梦。

几十年过去了，在20世纪80年代，我站在卡内基音乐厅里被授予约翰逊·奥康纳研究基金会年度风云人物奖，因为我送去参加他们的天赋测试计划的人是最多的。大厅里有很多观众，男士们都身着燕尾服。他们来到这里不仅是为了看颁奖典礼，还希望了解更多关于天赋和天才的信息。在那里，我发表了一个精彩的演说。一瞬间，我仿佛回到了过去：12岁的我，穿着燕尾服，站在挂着大吊灯的大厅里。但这一次，我确确实实地站在了卡内基音乐厅里。虽然我的父母和外祖母不在现场，但我仍然对起立鼓掌有一种感觉，我所做的努力只是为了取悦我的母亲。

这就是我成为演说家的一个原因：获取观众的认可，证明自己是个好孩子，而不仅仅是给观众提供演说的内容。

今天，我不再寻求他人给予的奖励。对我来说，在没有奖励和掌声的情况下，提供内容的内在动机比获得表演报酬或获得起立鼓掌更重要。因为，我现在把它看作是获得内在价值感的方式。

虚拟现实可以变成现实。伊戈尔·西科斯基在12岁时曾经梦想有一艘“能飞越大洋的机器”。若干年后，当查尔斯·林德伯格（Charles Lindbergh）操控飞机时，如他回忆的，他感叹道：“哦，天哪！此时此刻，我正亲眼见证伊戈尔·西科斯基12岁时的梦想。在发出蓝光的跑道上，我驾驶着飞机穿越大洋。”是的，历史上第一架载客飞越大洋的飞机正是伊戈尔·西科斯基设计制造的飞机。

当你有一个梦想时，不要太轻率，把梦想内化。如果你放飞想象力，让它去创新，它就是未来。让思想自由发挥，不要压制它。

因为我的《成功心理学》取得了成功，美国奥林匹克委员会主席威廉·西蒙（William Simon）任命我为美国奥林匹克运动医学委员会（United States Olympics Sports Medicine Council）心理学家。他认为我是一位合理、合法又专业的大学运动心理学家，但他没有意识到我只是一个写下亲身经历并采访过战俘的人。他认为我货真价实。某种程度上，我是的，因为，为了让自己成为一个更优秀的人，我研究了这类人。

我在任职期间学到的知识只是证实了我之前所相信的一切。奥林匹克运动员是最典型的可视化案例——内化于心，外化于行，知行合一，这就是所谓的视动行为演练[①]（VMBR）。在虚拟现实中，你可以有的放矢地进行一次训练。你可以幻想自己去体育馆得到额外罚球并最终失分的机会。但在现实生活中，你不可能在训练中总是进球并得分。但是在你的脑海里，你可以额外罚球，也可以赢得大满贯。可视化的精彩之处在于你可以选择正确的东西，就像宇航员在预演中所做的那样。

这个技巧不一定由体育心理学家传授，运动员们往往能通过自己的方式偶然发现。他们开始意识到自己所做的事情在他们心中的重要性。参加奥运会的选手们曾经对我说："很多人会在上场前练习，"但他们接着会补充说，"然而，获胜的优势在于心理准备。"

① 视动行为演练是美籍华人苏恩发展起来的一种结合放松训练与表象训练的心理技能训练方法。——编者注

为什么世界级选手水平都差不多？为什么获得奖牌和没获得奖牌的选手之间仅有几分之一秒或一毫米的差距？这是因为获胜基于心理优势。有一种想法是："我已经这样做了很多次，因此我不能再给自己施压了。我有肌肉记忆，我在本能地运动。"可视化可以帮助你反复用正确的方式练习，相当于你在自己的大脑硬盘上安装了一个新的软件程序。当选手比赛的时候，他对胜利的印象比其他选手对失败和错误的印象更深刻，这就是为什么积极的表达方式和乐观主义如此重要。

游泳冠军迈克尔·菲尔普斯（Michael Phelps）在一次采访里提到，他从7岁开始就在脑海中比赛。不管什么项目，他都在脑海里一遍一遍过动作，就好像自己眼前正在进行一场真实的比赛。

世界级滑雪冠军林赛·冯恩（Lindsey Vonn）对此也是有过之而无不及。在大回转比赛中，如果你想获胜，你必须准确地滑过每一个旗门，并且在创造纪录用时内完成这些动作。你必须一直确保在雪道内做对每个动作。因此，林赛·冯恩除了要想象自己从雪坡滑下来的样子，还在家里建了一个可以来回移动的平台，通过这个平台，她就能感受到练习场内滑雪板的重量。

当冬奥会再次到来时，你可以观察一下那些在赛场坡顶门口做准备的滑雪选手。你会发现他们会在脑海里反复进行动作演练。在花样滑冰项目比赛中，如果你观察后台的选手，你会发现他们在一个没有压力的情况下反复演练比赛过程。这样，当他们真正比赛的时候，就会本能地做出最好的表现，而不是在克服训练期间摔倒的情况。

这是一个成功者应该掌握的最有力的方法之一：在你的脑海中用正确的方式去练习，让它成为一种习惯，习惯决定结果。我对神经科学、奥运会、阿波罗计划和美国宇航局等项目的发展兴奋不已。它们给我们提供了一个机会，让我们运用虚拟现实把生活变得更美好，而不只是为了比赛得分。

我们无法区分通过情感及重复想象出来的东西和真实的东西。我们把那些在大脑里发生的事情当作事实存储起来。这一点已经被那些在电视上看医疗节目的观众证明了，比如《综合医院》(*General Hospital*)。这个节目中的观众会给医生写信咨询医疗建议。事实上，这个节目里根本没有真正的医生，他们不过是一群扮演医生的演员。但是这些“医生”还是会收到观众的来信和来电，因为他们希望得到治疗方案。

预期结果可视化的六大观点

我们接着讨论如何开发我们的想象力，并运用可视化来实现预期结果。这里介绍六种不同观点。

第一个观点：每天留出20分钟到30分钟的时间用于放松、想象，了解你的欲望。比如：我会去散步，同时想象事情变得越来越好，情况得到改善，想象我喜欢的事情。这些事情让我更多地了解和接受身边的美好事物。我会更加爱护鸟类和花朵。我会更在乎开放性，留出时间想象，了解自己的欲望并且留出时间锻炼身体、陪伴孩子或者放松身心。留出时间想象将来会发生什么和可能发生什么有很多益处。

第二个观点：当你想象自己在做某件事时，要确保这是一个已经演练过的动作。比如，我作为一个公众演说者使用可视化的方式是这样的：我会走进第二天要演讲的空房间，想象它已经按照第二天的样子布置好了，即使当下还没有布置。我会走上台想象观众坐在那里的情景。然后，我会问工作人员，那天的温度是多少，天气是冷还是热，是否每个人都能看到我，即使观众坐在后排。

模拟情景的一种方法是：走进空房间，来场演讲彩排。虽然没有观众，但我假装有，并假装他们在积极地回应我。

另一种方法是：把我家当剧场。我从一个房间走进另外一个房间，就像走向舞台，然后开始即兴演讲，同时不用笔记或提词器。我确保自己很吸引人，与观众保有眼神交流。我再三练习，走进房间，站在一个位置上，看看想象中的一些观众，再看看另一些。事实上，我是在自己的大脑中进行排练的，并用各种动作加以配合。

我们可以参考高尔夫选手演练挥杆的动作。很多时候，你会看到他们在第二次击球前会预先挥动一次球杆，然后再真正挥杆击球；或者在练习的时候，他们可能会进行第二次推杆。把行动融入可视化，这个过程会需要你运用身体运动、生物力学以及眼睛和大脑。

第三个观点：想象成功的结果和走向成功的步骤。很多人会跳过这一环节，因为他们往往想到的是实际动作。然而，走向成功的步骤尤为重要。因为想要一路顺利地打完一场比赛不是件容易的事情。想要每场比赛都能持球触地得分也是很困难的。先下手比较容易，也更容易循序渐进地打好后续赛程。

我了解的每一个成功者都是逐步走向人生巅峰的。高尔夫球界传奇人物杰克·尼克劳斯（Jack Nicklaus）就是一个很好的例子。杰克·尼克劳斯每打一轮高尔夫球都要花费很长时间，他一向如此，因为他的脑海里在过整个击球过程。他做的第一件事就是看他的记分卡，然后和球童交流。他看看旗子离自己有多远，因为那代表着他的目标。他的目标就是把球推入洞里。他看看远处的球洞，然后带着他的司机出发打第一杆。当他们走到球跟前时，他再看看球洞，再次和球童交流。他意识到，离球洞还有180码（1码=0.9144米）远。他换了一个球杆并花时间练习挥杆，预先想象将如何挥杆。之后，在进行了大量的练习后击球。

最后，他走上果岭，我们看着他。他绕着旗子走来走去。他趴在地上，想了解草坪对自己有什么帮助。他提前过了一遍流程，这样就可以逐步做好准备。

成功者着眼于结果，这意味着他们已经进入最好的状态。他们知道自己不可能一蹴而就，所以他们努力逐步提高自己的成绩。这就是为什么用渐进的可视化方法会令自己更加成功。每个成功者的标志就是能够做到可视化结果并能够逐步实现，因为他们知道不积跬步，无以至千里的道理。

此外，我们也要认可自己，即使只是完成了任务的一部分也要奖励自己。不要等公司奖励你，为每一个阶段性的成功奖励自己。

第四个观点：当你做可视化演练的时候，看着现在的自己，就像你已经实现了目标一样。大多数人把自己当作旁观者，在看台上观看比赛，这样他们很难让自己融入其中。然而，在奥运会赛场上，运动员会在滑雪板前部安装摄像头。因为他们需要拍摄自己真实滑雪的过程。我希望他们在视频中看到那个滑雪的自己，看到自己的比赛过程。这可不是你坐在椅子上看着自己获得奥林匹克奖牌，这也不是你看着自己获得其他什么奖励，这是你为了获得奖励正在做你必须做的事情。

把自己放到画面中，确保你不是从摄像头的角度看整个画面，而是把自己当作摄像头看自己。

第五个观点：在交流中，使用富有视觉意象的词语会更有效。语言对人的影响非常大，这就是为什么在奥运会上我们会使用触发词。我教会很多奥运选手一些很好的词：放松、平静、练习、力量、旋转、起跳、机会来了、要打好、打得漂亮、用力向后挥、发球。

在研讨会上，人们有时会说："我不相信任何广告和新闻播音员的话。"

我说："你开玩笑吧？"

"真的，我不会把精力放在这里。"他们说。

"哦，不会吧！听我说，我想拿掉我的指甲，我想让它们在刮黑板过程中脱落。"

所有人都开始坐卧不安地说："哦，不要那么做。"

"我当然不会那么做的，我只不过说说而已。"

接着，我说，"等等，屋子里有只老鼠"，在场的女性马上跳到了椅子上。我接着说："其实没有，我只不过说说而已，这不是真的。我就是想让你们相信一点，语言具有强大的情感冲击力，它和视觉图像的作用是一样的。"

措辞一定要谨慎。词语会带来情感和视觉反应。文字不是思想，你首先看到的虽然是图像，但用来描述这些图像的文字会产生强大的影响。要运用丰富多彩的文字，乐观积极的文字。激励人心的文字是非常重要的，因为它们同样能激发情感。

第六个观点：重新使你的五种感官建立联系，帮助它们建立崭新的、积极的习惯，替代陈旧的、消极的习惯。我们有鼻子，因此能闻到气味。我们能闻到香味，也能闻到有毒的气味。用你的鼻子引导你。人们往往不会吃那些不好闻的食物。据我所知，很多人不吃奶酪，是因为他们觉得不好闻。

用你的触觉、嗅觉、听觉及视觉。

虚拟现实虽然可以复制感官，但即便它尽其所能，也永远无法制造出外祖母那些玫瑰花的芬芳，烤面包的香气，小鸟叽叽喳喳的鸣叫声，躺在草地上的感觉，皮革的质感。虚拟现实无法直接复制我们所见、所感、所触、所闻，以及所品味过的东西。

第九章

成功者的大脑训练：为成功改写习惯模式

这一章，我要讨论的是如何培养一种可预见的习惯，让它成为你生活的一部分。我会给大家介绍一些研究成果，这些研究成果是关于如何在神经科学层面注入成功的理念，让成功变得和呼吸一样自然、顺畅。

我们先来回顾一下习惯是如何养成的。我们通过观察、模仿、重复来学习。你会成为你看到的、听到的样子，重复以及内化的样子。我们就是习惯的产物。

在这个时代，当你的面前放着智能手机，你就会不停地查看、翻阅它，与其他人交流、互动。对你来说，重要的是了解你正在创造自己真正的新生活和新习惯模式，在此基础上看智能手机，模仿看到、听到的东西，并且通过不断的重复来内化它们。

诚然，我们通过内省来学习，内省创造了自我意识。我们向内看，探究价值观、兴趣爱好和重要目标。但我们也要向外看，观察那些可以做我们行为角色模范的人。在历史上的这个时刻，观察、模仿、重复学习，内化和领悟力是我在社会上看到的非常重要的事情，因为我们每天做的事情中，有90%是在潜意识和无意识状态下完成的。

正如我曾经提到的，据说，在20世纪七八十年代养成一种习惯需要21天到30天，励志演说家和作家也把这一说法当作格言，然而事实并非如此。虽然你在21天内可以学会某项技能，但它们并没有成为你的一部分。旧程序会覆盖新程序，这是因为我们长久以来的习惯。习惯需要很长一段时间才能形成，并形成反射性，它也需要很长一段时间（尽管可能没那么长的时间）才能改变。

我们不要打破习惯，而要改变习惯，我们要通过进入大脑的新信息改写它们。根据神经科学的研究，养成一种新习惯至少需要三到六个月，甚至两年的时间。因此，不要指望任何事情在瞬间得到改变，比如：体重、收入、孩子的行为，要循序渐进地看待这些事情。

神经科学证明，改变习惯的时间比我们过去认为的还要长，但最终你的大脑会建立一个新的神经通路覆盖旧的神经通路。你可以创建一条新的神经通路，让它们交叉跨越“旧高速公路”“旧死胡同”“旧施工道路”“旧土路”，从而建立一条新的“高速公路”。

大脑训练的时间比我们想象的要长，不能一蹴而就。没有人能研发出“成功”这一应用程序，人们只能设计出解决方案，获取更多知识、信息以及更高效地开展研究的应用程序。你无法在更短的时间里获得成功，但如果用新方法代替旧方法，你会做得更好，并且获得更持久的结果。

重申一遍，神经科学正在重塑我们对大脑的理解。研究表明，大脑不仅具备可塑性，还能恢复之前因为疾病、事故而丧失的功能。不管过去发生过什么，我们的大脑都有能力恢复我们认为已经丧失的功能。

神经科学还证实，我们真的有能力在高龄阶段学习新的语言。因为，我们拥有更多的精力、更多的音乐天赋，并且完全有能力学习新技能。

正如我说过的，我曾经陷入天赋是与生俱来的旧模式中。我曾认为性格是天生的。但事实是，通过大脑训练，你可以改变你的性格，让它变成有利于你的因素，而不是不利因素。

你可以选一位典型的A型人格者，这类人拥有非常自信、专横的人格特征，你可以教他如何成为更乐于助人、顾及他人感受，以及情商更高的人。你可以教他倾听，教他如何改善客户关系而不是只做一锤子买卖。如今，神经科学、社会科学、宗教信仰、哲学、艺术、音乐、冥想和灵感不约而同地证明：旧的生活方式已经让我们失去了很多。

带着旧的胜利心态，你冷眼旁观战败的对手，因为你打败了他，你胜利了。你比对方表现出色，你的竞争力更强，你的技艺更精湛，你取得了更大的成功。这一切都是基于表现。

现在，我开始从不同的角度看待胜利。我认为胜利体现着自尊，胜利这一表现有其背后的原因和目的，我对胜利的态度变得更加温和。胜利不完全是为了赢得金牌或者赚钱。也许，我赚不到很多钱，但我认为我使世界变得更加丰富，而不是变得更加富有。我相信富有不仅仅是物质上的财富。

这项新科学正在帮助我理解如何通过不同的方式使用大脑。科学和理念终于走到一起了，为此我兴奋不已。这就是为什么我希望自己至少能活到100岁，因为我将在下一个十年看到一些之前从未存在过的东西。我会被大脑的能力所震撼，我想亲眼见证年轻一代以积极的方式运用大脑而不只是用它打游戏。

培养良好习惯的四大基石

让我们一起探讨培养良好习惯的四大基石。我想为大家提供一个框架，这样就不必再去思考，可以直接拿来用。

基石一，没人可以改变你，你要对自己负责。人们可以带你去喝水，但他们不能逼你喝水。医生可以告诉你，如果你继续抽烟，可能活不了多久。然而，不管别人告诉你什么，他们都无法改变你。

同样，你也不能改变别人。你无法把他人变成更好的人。你可以做角色模范，可以做教练，可以做导师，但只有那个人自己才能去选择，去承诺，去寻找让自己改变的方法。这是一个人的“内部工作”。

基石二，习惯很难打破。随着时间的推移，新的行为模式逐渐取代了旧的。换句话说，你不会停止做某些事情。然而，你会开始做一些不同的事情或者做一些可以替代旧事情的某些事情。习惯不会停止，它们只是被一种新行为所取代，这种行为是通过一段时间的练习而习得的，之后会覆盖旧的信息。

你改变了一种习惯，但你并没有打破它，因为旧习惯总是潜藏在心底。它被称为“你过去的孩子”。如果你不用新行为替代旧行为，旧行为就会卷土重来，把你带到自助餐厅和甜点桌旁，让你和过去一样胖。你无法打破超重的惯例，只能用健康的习惯取代旧的行为习惯，只有这样才能保持理想体重。

基石三，长期坚持每天的例行公事，它会像刷牙和开车一样成为你的第二习性。

为什么地铁是最有效的交通工具？因为它在轨道上运行。你有两个选择，你可以循规蹈矩，和原来一样；或者你可以换乘地铁，换一条新路线，从而以速度更快、成本更低的方式到达目的地。这意味着动态的日常生活。随着时间的推移，改变你做事的方式就会成为你的习惯。它会和洗澡、喝咖啡和吃早餐一样，成为你每天生活的一部分。尽管我们意识不到，实际上我们生活中有80%～90%都是习惯性的。这就是为什么新习惯可以动态地塑造新习惯模式，以取代我们过去长期的习惯。

基石四，一旦习惯改变，远离陈旧的破坏性环境。

当囚犯获得假释时，他们中大多数人总是不幸地再次回到老街区。老街区的邻居仍然是那些过着和过去一样生活的人们，他们的朋友们也是如此。回到你过去的生活方式是很有吸引力和诱惑力的。这就是为什么，我们总是很不幸地回到原地——这就是我们常说的惯犯。

待在监狱里不会把你变成更好的人，你不会因为受到惩罚就变得更好。相反，你需要接受让你表现更好的培训。回顾一下关于德兰西街的讨论，我们会发现：我们是有办法做到这一点的，只不过需要时间并且付出努力。

你要远离同情派、牢骚满腹的人、怨天由人的人、消极的人、贬低你的人、游说你的人及左右你的人。远离负面媒体，开始看鼓舞人心的东西，看那些向你展现出你一心向往的东西。

我们可以养成的最重要的习惯之一是积极的自我对话。自言自语就是我们与自己的无声对话。当你动脑思考时，你的身体会相应地倾听。

这种行为被称为“心理语言学”，即心灵的语言。人们恰好具备视觉、语言、触觉和动觉的能力。每个人，不管喜不喜欢，脑海里都在实时报道，就像广播里的晚间新闻。你不必看，只要听，它们就能唤起你的画面感和情感。当你听你对自己说的每一句话，你听到的最多的是什么？谁是你

最大的批评者？是不是你自己？是谁在说："我什么也做不了，我不如他人，我永远不会成功。我只能袖手旁观，实时待命。事情进展太不顺利了。"这些"实时报道"正以每分钟600字的惊人速度出现在我们生命中的每一个清醒时刻，甚至会出现在我们睡觉的时候，我们沉浸在暮色的时候，以及我们做梦的时候。

因此，多数时候，这个实时报道都会引领我们朝着目标方向迈进。此外，人们总是在告诉我们应该做什么，告诉我们他们在做什么。我们在观察他人的同时也在倾听他人的声音，感受文字的力量：股市崩盘、疾病暴发、战争、极端天气。这些文字唤起我们巨大的视觉和情感反应。然而问题是，我们已经接收了很多负面评论，我们也一直受到悲观的教育引导。我们还被教育不要总强调自己的优点，因为这被认为是一种自吹自擂的表现。我不认为我们应该吹牛，我们确实应该告诉自己真相。然而，我们也应该引导自己朝着我们期望的结果前进。

我们需要的社会不是基于肯定的，而是基于确认的。我们需要基于承诺的决定和坚定的信念。如果这是事实，随着时间的推移，大脑就会用某种对我们说话的方式、倾听方式、观看方式、重复方式与我们重新连接。那么，为什么我们不利用技术促进和加快这一进程呢？我们当然会这么做，我们就是这么做的。这就是为什么我要坚持下去，因为我已经认识到坚定的信念比被人肯定的力量更强大。

肯定是一种概括性陈述，肯定自己是一种特定的方式，但你无法确定你有这么做的决心。你还没告诉别人它会出现在你的新词语里，还没有把它变成你的日常例行公事。你只是把它当作一件好事。这就像使用脸书、照片墙和推特一样，只不过是每个人都在做的一件事。

但当你认真对待它的时候，你就会有效利用视觉、触觉及其他感官，使自己朝着积极的实证目标前进。那正是你开始改变习惯的时候，因为你正在承诺，也正在确认这就是崭新的你。你不只是对着镜子说："我很有钱""我是最棒的""我太优秀了"。

我所学到的坚定信念比单纯的肯定更有力量。你要意识到，当你在重复和内化简短的自我陈述时，你正在重新构建你的大脑，这是一些新的习惯模式，它们是通过音乐、特定节奏和特定脑电波频率的重复而自动内化的习惯模式。

神经科学证明，你与自己交谈和想象自己的方式正在创造一种新的"布线模式"。不管到多大年纪，或者在任何情况下，你都可以通过神经科学和永恒的智慧重新构建你的大脑。当我们在21世纪以超乎寻常的速度向前发展时，你将处于领先地位。

加强自我对话能力

接下来，我会介绍一些培养自我对话技巧的具体指导思想。正如前文所说，我们可以通过控制大脑来进行无声对话，我将提出七条建议来加强自我对话的能力。

第一个建议：下决心把自我对话变成积极的肯定，或者说是积极的确认。肯定是你认为你要相信一种说法的时候，确认是你相信一种说法并为此做出承诺的时候。一定要注意你自己的语言，注意倾听自己每天发出的声音，无论是消极的还是积极的。

第二个建议：对别人消极的自我对话做出回应而不是反应，但你要用积极的方式回应。我会使用这样的方法回应我的妈妈。当她说："今天好热。"我会说："今天适合去海边，这天气很适合花的生长。"如果她说："今天有雨。"我会说："我们今天需要雨露的滋润。"我能做到把她的消极语言快速转换成积极的语言。

在生活中的其他领域我也能够做到这一点。当人们说："哇！你相信世界上发生的所有事情吗?"我会说："当然，并且明天一定有更好的事发生，我期待有一天我们从发生的事情中吸取教训。"确保你用积极的方式回应，而不是对别人消极的自我对话予以确认。

第三个建议：直接说出自己的愿望，而不是努力摆脱不想要的东西。不能把注意力集中在不想做的事情上。比如：你不希望想一只粉色的大象，但还是会想。[①]为什么你要告诉别人你不想让他们做什么（除非警告他们危险的事情）？不要这样说。你要告诉别人去他们想去的地方，而不是不想去的地方。你不要告诉别人要减肥，你不要告诉自己别生气，你要告诉自己想去哪里，然后朝着目标和结果前进。

第四个建议：总是用人称代词。如：我是一个好父亲，我正在成为一个更好的父亲，我正在实现我的财务目标，我要多花点时间和家人在一起，我要更加放松，我要多听少说。多使用“我”，因为你才是那个努力改变自己的人，不是别人。

第五个建议：让你的自我对话保持现在时。当你谈论改变性格的时候尤其如此。毕竟是你在告诉你的大脑你想成为谁。你明年想成为那样的人吗？一年后，你想成为一个好父亲吗？或者你现在是一个好父亲吗？

使用现在时是因为大脑中的网状激活系统正试图通过自主反应让你保持活力和健康。你的大脑正在听你说你现在正要说的话，你此刻说的话，以及你即将说的话：“我正在实现我的财富目标”“我正在成为我想要成为的人”。

---

① 有个著名的心理学实验“别去想那只粉红色的大象”，实验证明你越是“不要想起”什么，就越会想起什么。——编者注

你必须清楚自己的状态。没有一个奥运会选手会说："三年后，我会成为一名优秀的奥运选手，虽然目前我还不是。"是的，奥运会选手会这么说："我比上次表现好，我表现得越来越好，我的跳高成绩已经达到了7.925英尺的新高度，已经接近奥运会纪录。"换句话说，重要的是你现在是谁，而不是你将来会成为谁。

第六个建议：保持你的自我对话没有竞争性，不要拿自己和别人比较。生活中总会有些人比你强，有些人比你弱。如果你是一个喜欢比较的人，你就会变得要么兴奋，要么沮丧。你的工作不是和别人比高低、比好坏，你是基于你的内在价值而让自己变得优秀。你不是世界上最好的高尔夫选手，你也不是乡村俱乐部的头号人物。尽管你投篮越来越棒，你的障碍越来越少，你的得分越来越高。不要去争强好胜，而要赋予自己创造力。

第七个建议：在写自我陈述时，要更专注于过去的绩效提升。

你的大脑知道你的习惯是什么，你是怎样的，你的举止如何，它听到的是否真实，是不是可实现的，是不是真实的你。它对你目前无法触及事物的反应要比你看不见的事物的反应更灵敏。当你对自己（或他人）说你要射击月球时，你会降低你的动机，因为你不指望能实现目标。但如果你的期望是递增的，当你没有实现目标时，目标比较容易纠正。所以，最好在短期内降低目标预期。之后，你会得到奖励、满足和激励，接着会做得更好。

如果让我给出一个能够给你个人生活带来切实红利的观点，我会这样说：大脑有个“守护者”，总是在寻找对你最重要的事情，因此，让健康和积极的目标成为最重要的事情。不要把你匮乏的和正在克服的事情作为解释的中心点，而是要关注你希望变得更好的方面。用一种积极的方式去解释你的目标、你的进步，你的孩子们和你对未来的希望。大脑一直在倾听，而你要从大脑听到的东西中获取线索。这就是为什么寻找角色模范、导师和教练是非常重要的事情，他们能帮助你发挥自己最好的一面，而不是努力避免最坏的一面。

我的个人感悟

在我这个年纪，回顾生命中学到的最重要的东西是件很自然的事情。我觉得我的生命中最重要的是我对自己太认真了。我遵循了成为一名高成就者的模式，我向父母证明了我很优秀。我寻找掌声，寻找奖励，我没有寻找金钱、名誉或财富，而是寻找认可、赞誉，成为优秀的人。我意识到这些都是陷阱。我意识到我应该在当下经历更多，而不是花那么多时间去担心我所做的、我没做的以及未来的生活。

回顾我的一生，我敢肯定有很多好笑的事情。我可能是自己见过的最可笑、最愚蠢的人。尽管我没有去机场的计划，但是有时我的车会自动开到机场，这是因为它已经被训练过了，我可以直接登上飞机。我会自然而然地做一些生活中习惯的事情，即便它们不是我真正喜欢的事情。

如果生命能够重来，我可能会觉得曾经发生在自己身上的事情更加可笑。我会更倾向于轻生活①。我会停止旁观他人的困境，嘲笑自己。我不会再拿别人开玩笑，我会把他们当作自己的缩影。

我曾在一次滑雪的时候撞上一棵树。我的孩子们开怀大笑，但我不觉得这有什么好笑的，因为我可能会受伤。孩子们说："你为什么不用培训奥运会选手的专业技巧？"

"因为我正在下滑，速度太快了。"我说。

孩子们说："哦，原来你和大家一样，你看起来不像一位培训奥运会选手的'专业爸爸'，你只是个普通的爸爸。"

如果我能再活一次，我会用更多的时间陪伴我的儿孙，我爱的人。我会花更多的时间和他们一起玩而不是看职业运动员比赛。我可能会看更多的书，但我后来意识到，我最好

① 轻生活是一种减法的概念，讲究的是一种丢掉的观念，也就是把一切简化到最简单的境界。——编者注

选择爬更多的树，而不是读更多的书，因为这样做可以让树木发挥它最大的价值。我们可以利用它拓宽视野，并把它视为大自然的一部分。

我更愿意做个冒险者。我可能会更多地在雨中漫步，而不是总想着带把雨伞。我会在夏天去新西兰滑雪，因为那里正好是冬天；我会花更多的时间去非洲而不是去动物园观赏动物。我希望看到人和动物和谐相处，而不是观看笼子里的动物。

我会花更多的时间走进大自然而不是走进大城市。我想我沉浸在太多的人、太多的舞台和太多的大城市里。我需要走出去，看看奇妙的世界。我可能会碰到更多的海滩泥沙，不仅在我的脚尖、指尖里，还可能在我的汉堡里。我可能不再担心那些我过于看中的但实际上微不足道的事情。

甚至，我可能偶尔才会洗一次澡。大多数男人洗澡都是因为天气热，而且会洗得很快。大多数男人不爱洗泡泡浴。试想一下，一个男人走进一个充满泡泡的浴缸，旁边放着一杯樱桃香槟，然后他坐在那里享受着轻柔的音乐和烛光，难道这样不好吗？可能有一点可笑。

最重要的是，我会花更多的时间去和人、自然相处，而尽量减少与俱乐部或聚会中的陌生人相处的时间。我可能会表现得更像孩子，而不是努力表现得更成熟。我可能给我爱的人更多的感动和更少的建议。我当然不会过多的说教。

我可能会多玩玩。我想我现在花了太多的时间沉浸在工作中。总之，活在你唯一能真正控制的时刻。

少看朋友圈、博客和自拍照。你要去体会它，感受它，触摸它，而不是努力把它留在记忆中。未来它将不复存在，你不会再有相同的触感、情感和精神上的感受。

我想我会越来越清楚自己为什么生活，并不断提醒自己。我尽量不去想为什么我可能做不到社会、父母、同龄人和同代人对我的期待。我不会拿自己去衡量别人，我会用卓越的标准衡量自己。

我会像我的外祖母那样。我会去种玫瑰花，因为它们闻起来芳香扑鼻，我爱它们。我会弹钢琴，因为它让我感到愉悦，而不是为了赢得比赛。

我想我会花更少的时间去争取胜利，而花更多的时间去感受一场比赛。我想我会笑得更多。我厌倦了眉头紧锁、垂头丧气、愤怒和糟糕的感觉。

我会尽量少地打动别人。我不需要给别人留下深刻印象，我只需要更多地表达我的感受，表达我对事物的真情实感，而不是通过努力控制一切给别人留下深刻印象。

最重要的是，我会原谅自己所犯的错误。我会更多地鼓励自己，我会看到来自自己的祝福而不是我自己的瑕疵。我会原谅他人，不会诅咒任何东西或人。

我会更加顺其自然地生活。我是从这个年纪开始这样做的。再过几年，我就90岁了，再过10年，也就是2032年，我就100岁了，我会收到一封来自总统的电子邮件，他可能会写信祝贺我成为加州万名百岁老人。

当某人说："一起做吧。"我会说："走吧。"我不会再拖延，不会活在"未来"岛上。我不会说："当时间更合适的时候，当市场更好的时候，当经济再次增长的时候，当事情有所好转的时候，当事情没那么糟糕的时候，我再做某件事。"

在我这个年纪，我要活在当下，不是为当下而活。我注视着每一只小鸟，倾听着每一声咯咯的笑声，聆听着每一个美妙的声音，享受着我的生命中每一种美妙的味道和气味。

我想知道是什么让我花这么长的时间去感恩于我的"礼物"——让我活着并能够感受到自己活着。我想我会少一些恐惧，多一些乐观，尽管像我这把年纪的老人往往会把青年一代看作来自太空的外星人。我们知道我们不能和他们一样生活，我们不了解他们的世界。我们无法生活中在虚拟现实中，我们只能活在我们的世界里。也许，这就是为什么我们活不到100岁。

不管我怎么努力，杂草依然会生长。它们不需要水分，它们会随风生长，它们不需要我的帮助，但我的花园却需要精心呵护。总有些事情会妨碍我成为一名完美的园丁，但我将成为一名园丁，毕生致力于"前人栽树、后人乘凉"的事业中。在我毕生有限的时间里，能让一部分生命可以生活得更好并呼吸得更轻松些会让我感觉很好。

我想让接触过我的人以某种方式记住我，我想成为一个角色模范，在某种程度上值得被效仿。我希望人们记住我是这样一个人，我爱我的家庭胜过世界万物，有一群朋友，或许就一小群，但我完全相信他们，用我的生命和思想相信他们。他们理解我并接纳我的不完美。我只想让大家记住我是一个付出了100%的人，一个为活着而感恩的人，一个愿意尽可能长地活着，尽可能多地爱着，尽可能多地付出，尽可能多地分享，尽可能多地学习的人。

我已经规划好了一切：一个电话就能搞定一切——即将演奏的音乐，可能要说的话。我一直过着这样的生活，没人会感到压力、愤怒或悲伤。我希望我的家人会说，虽然他不是一个完美的人，但他认识到了这一点，并且100%的付出了努力。他爱我们，爱生活，爱他的朋友们。他只想在他的孩子和他遇到的每一个人身边播撒伟大的种子。最重要的是，他总能看到生活中光明的一面。